平衡身心的
正念启发书

把每个朴素的日子过成良辰

呼吸

① 每个人都需要自我肯定

英国 Breathe 编辑部 编著

吕金童 栗洁歆 译

中信出版集团 | 北京

图书在版编目（CIP）数据

呼吸. 每个人都需要自我肯定 / 英国 Breathe 编辑部编著；吕金童，栗洁歆译. -- 北京：中信出版社，2020.6（2025.7重印）

书名原文：Breathe 21
ISBN 978-7-5217-1590-3

Ⅰ. ①呼… Ⅱ. ①英… ②吕… ③栗… Ⅲ. ①人生哲学 – 通俗读物 Ⅳ. ① B821-49

中国版本图书馆 CIP 数据核字 (2020) 第 029193 号

BREATHE 21
Copyright GMC Publications Ltd
All rights reserved.
Simplified translation rights 2020 CITIC Press Corporation &Beijing XinMa Culture Limited Liability Company
Simplified translation rights are arranged with GMC Publications through AMO Agency.
本书仅限中国大陆地区发行销售

呼吸——每个人都需要自我肯定

编　　著：英国 Breathe 编辑部
译　　者：吕金童　栗洁歆
出版发行：中信出版集团股份有限公司
　　　　　（北京市朝阳区朝阳区东三环北路27号嘉铭中心　邮编 100020）
承　印　者：北京启航东方印刷有限公司

开　　本：787mm×1092mm　1/16　印　张：10.75　字　数：200千字
版　　次：2020 年 6 月第 1 版　印　次：2025 年 7 月第16次印刷
书　　号：ISBN 978-7-5217-1590-3
定　　价：59.00 元

选题策划　心码文化
出 版 人　刘止语　曹萌瑶
中文主编　李松蔚
策划编辑　李晓彤
责任编辑　姜雪梅
营销编辑　崔　琦　陈和蕾　杨　光
封面设计　门乃婷
版式设计　李　一

版权所有·侵权必究
如有印刷、装订问题，本公司负责调换。
服务热线：400-600-8099
投稿邮箱：author@citicpub.com

欢迎来到呼吸的世界！

———

"我做得还行吗？""我做对了吗？""我看起来专业吗？"问题，问题，还是问题——所有问题都透露着自我怀疑，暗示着渴望得到肯定，需要外界的认可。仔细想来，职场中的所有常见用语，也是很正常的。毕竟，很少有人从不需要在一个项目中征求他人的意见，或者得到他人对自己的努力的评价。

要求得到反馈本身是积极的，当然也需要得到一些重视、支持和愿意帮助自己的团队领导的青睐。但是，过度依赖外界的肯定可能是低自尊和自我价值感缺失的标志。如果一个乐于提出表扬和批评意见的经理突然被一个对任何人都极其严苛的经理取代，情况可能会变得很棘手。现在该由谁来提供每日所需的安慰呢？

部分答案在于寻求工作环境之外的认可，从家人、朋友和生活中的其他人那里获得肯定，他们会认为"你足够好"。但是，或许更重要的是，它应该来自自身，因为当管理者换人，同事没那么支持自己，工作陷入僵局时，我们就需要自我肯定。

强烈的自我价值感会带来对智力和技能的认可，对准确判断力的认同，对个人努力以及工作中所做贡献的真正意义上的赏识，这或许会让人在艰难的转变期保持微笑。它会令你百分之百地确认你所做的远不止还可以。

你做得非常好。

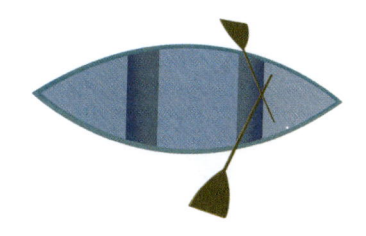

目录

Ⅳ
序言
微小自我价值的价值

Ⅷ
呼吸问答

WELLBEING
幸福

2
创造属于你的小奇迹

7
自嘲：自我接纳的艺术

9
万能的阳光维生素

13
停止寻找借口

16
拥抱"关机"时间

20
随水而动

25
观鸟，也可以很有趣

30
梦想会成真……

LIVING
生活

36
同学聚会，我要不要去？

41
神奇的第五种味道

45
在家呈现日式味道

53
"宅"在家的乐趣

56
积极的"瘾君子"

61
消失的世界

66
愤怒的邮件，发还是不发？

MINDFULNESS
正念

CREATIVITY
创造力

ESCAPE
逃离

72
贡献的真正含义

76
追求目标，也别忘了生活

80
期待之悦

83
试试古老的问候艺术

88
找回你自己

92
我钟爱之物

95
全新世界

98
我做得好吗？

103
沐浴在简单之中

108
当艺术进入生活

112
精致之美

118
为苔藓球而狂

123
创作始于咖啡馆

128
自由之笔

131
天赐灵感

138
世界从眼前流过

142
和羊驼一起散步

147
露宿于星空下

152
日常生活，已足够珍贵

序言

微小自我价值的价值

李松蔚

《呼吸》中文版主编,知名心理学家,北京大学临床心理学博士,知乎心理学大V,擅长认知行为治疗和系统家庭治疗。个人微信公众号"李松蔚"。

什么是自我价值感?

通俗地说,就是你能否感知到自己的人生价值。

我之所以说它是一种感知,是因为价值并没有一套公认的评判标准,它更多时候是一种内在体验。这个世界上有人即便功成名就、富甲一方,仍旧觉得不够。也有颜回那样的寒士,一箪食,一瓢饮,却也"不改其乐"。

一个人感知到的价值,是他自己的人生信念,只对他本人有意义。如人饮水,冷暖自知。理论上来说,每个人在别人眼中都可能是"无价值"的,但每个人都可以建立自我价值感。

你在多大程度上可以认同自己的价值?

我的职业是心理咨询师。在我们这个行业里,如果遵照某种公认的价值观,要么得证明自己能赚钱,要么就得找几个"光辉案例",证明自己的工作了不起:一些处于危机中的、堕落的、遭受严重创伤的、失魂落魄的人通过咨询从人生低谷走向巅峰……如果是为了吹牛,我们多半不提手头正在做的案例——咨询者可能只是一个普通的大学生,处在迷茫的二十岁,没有特别大的成就,也没有过不去的难关。无非是写论文磨蹭一点,最后也能完成,成绩不上不下,70分。一周周坚持做咨询,自我探索。探索了两三年,成绩上过80分,也跌到过60分。

前面的案例让人目眩神迷,但后面的案例反而更体现一个心理咨询师的价值。因为更平凡,也更接近生活的本来面目。一个心理咨询师的大多数工作对象都是普普通通的人。就算遇到一个疑难案例,多数时候也是普普通通的对话。它体现了一个心理咨询师对自己职业价值的认同。

世界上哪里有那么多惊心动魄的案例，等着你施展拳脚呢？如果真有严重的心理疾病，就要去医院。更多时候，社会机构的心理咨询师面对的只是普通人。日复一日地重复劳动，听一些并不惊心动魄的故事，说一些老生常谈的话。

枯燥，也蹉跎，就像每个人的人生。

你能看见微小价值的价值吗？

"这周跟上周相比，你的生活有哪些变化？"心理咨询师每周见到来访者时，都会抛出这个问题。不出意外的话，大多数时候他的来访者会说："跟以前一样，没有太大变化。"

不用失望，这很寻常。来访者若是说出"啊！这简直是脱胎换骨的一周"，反而令人生疑。一个有经验的心理咨询师早就不奢望来访者的心理状态有突飞猛进的进展，他会接着问："没有太大变化，那有没有一点点的小变化呢？"

有时候对方也不买账："没有，一丁点变化都没有。"心理咨询师可能还会继续问："这周和上周一模一样吗？你是怎么保持的？"

"从这种不变的模式里你发现了什么？"

问到最后，对方也许会对生活有细微的一点领悟。也许是察觉自己在某个场合下习惯冒出怎样的想法。只是察觉而已，谈不上理解，更谈不上灵活应对。但就是这么小的一点进步也很了不起。这样他这周的时间就没有虚度。

他付出的努力，让自己的状态改变了一点点。

这就是一个人的价值。即使很小，我们也会肯定这一点价值，让来访者看到，微小的一点点改变也有它的分量。如果请一个胸怀宽阔的人来看，这几乎是阿Q精神：两个平凡至极的人，坐在小小的房间里，花了那么长时间钻研几乎没有变化的一小段人生，一段既不伟大也没有故事性可言的人生。大部分的时间都在重复相同的模式，积累着一些似乎不重要的小变化。

一切都显得太微不足道了。

甚至来访者自己都不愿意面对，满心沮丧。但这就是对心理咨询师的考验，既考验他的心性，也考验他的专业水准。他要能从这样的工作里看到价值，从一个普通人"几乎没有变化"的日常中发掘价值，并陪他一同面对。

这种职业态度也是一种人生信条：不是只有惊天动地的生活才值得一过，有些价值就蕴藏在普遍而枯燥的周而复始中。你付出的努力很微小，却让他变好了一点点。这是你的价值。

他的变化很微小，却让世界变好了一点点。这是他的价值。

重点在你是否愿意看到这份价值。

慢下来，一切就生动了

价值很少是可以一蹴而就的。我现在给学生上课，辛辛苦苦讲了几个钟头，学生可能说"听完跟没听一样"。过了一段时间再见到他们，他们反馈说"并没有什么长进"，这时候说不

李松蔚私人"呼吸"清单

(书籍) 《禅与摩托车维修艺术》《箭术与禅心》。
(电影) 《秋刀鱼之味》《千与千寻》《情书》《菊次郎的夏天》《海街日记》。
(游戏) Wind（风），Flower（花）。
(活动) 喝茶，泡咖啡馆，骑自行车在城里逛，记笔记，听相声或评书。
(物品) 笔记本（是真的笔记本，用来记笔记的那种）。

特别栏目主持：100个人问李松蔚
如果你有问题想问李松蔚，请扫描二维码，给《呼吸》编辑部留言。

沮丧是骗人的，而我只能和他们一起承受这些挫败感。然后再从"没有长进"的常态中发现一点点不同，然后坚持做更多。

终于有一天听到他们说："老师好像我明白了，谢谢你！"这对于一个坚守价值的人来说是最丰厚的回报。就像养花的人，每天盯着一朵花看，自然看不到它的生长。但他坚持每天浇水，指不定哪天花就会开。

我每周写文章。有时候想不到一个重要的主题，那么就一个细小的主题说两句也好——就像这一篇。世上有很多宏大的价值，这轮不到我来说。但能把细小的题目讲清楚，对于这个世界也并非完全没有价值。也许不大，但是有。

就像一个总说自己没钱的人，对他更准确的表述是"有钱"：不多，但是有。说自己事事失败的人，其实是有成就的：不高，但是成功过。如果习惯了宏大的叙事尺度，就会有一种风险，因为看不清或者看不见那些细小的价值，可能也就失去了持续积累的耐心。

这就是为什么眼睛高于头顶的人常常会原地打转，而有些资质平平并不期待自己要做到什么的人，反而实现了惊人的价值。

一点点的意义，却是最普遍的意义。

对于这个日新月异的世界来说，这可能是一种被遗忘很久的精神气质。慢一点，小一点。我们今天普遍认为要更高更快更强，但你是否能从一个平凡的人身上，从平常的一天中，看到价值的存在？你看不到，是因为眼睛太高。

你慢下来，这个世界才会跟着慢一点。

慢下来，一切就生动了。价值取决于一双能发现它的眼睛。时间总在流逝，经验在点滴积累。虽然凡俗人生简单重复，也不妨时常自问："没有太大的变化——有没有一点点的小变化呢？"也不是说这些小变化积攒之后有什么价值，它本身就是价值。平心静气，日积月累，那不就是最有价值的改变吗？

插图 / **加路路** / 自由插画师、前美术编辑

呼吸问答

Breathe and make time for yourself

可以译为"专注当下，把时间给你自己"。
你是这样的高手吗？你有什么小秘诀？
可以从问题清单中选择 5 个进行回答。

1　面对生活的不确定性，你觉得有什么能力是很重要，却常常被大家忽略的？
2　你有什么平衡工作和生活的技巧可以分享给大家？
3　你有主动触发幸福感的小技巧吗？
4　当你需要获得自在的感觉，你会通过什么场景实现？
5　你最近一次的小崩溃是因为什么？你怎么应对的？
6　如果给自己一次不受限制的逃离机会，你会做什么？
7　如果换一个句子来表达"Breathe and make more time for yourself"，你会怎么说？
8　基于你对呼吸的理解，请推荐一本书或一部电影。
9　你有什么与众不同的自我价值感？
10　最想问读者什么问题？

七堇年

作家，热爱自然与户外运动。

2　你有什么平衡工作和生活的技巧可以分享给大家？
关掉手机去做最重要的工作。注意力即生产力。

4　当你需要获得自在的感觉，你会通过什么场景实现？
走进荒野，尤其是高山森林。

8　基于你对呼吸的理解，请推荐一本书或一部电影。
电影是《海边的曼彻斯特》，书是《我与地坛》。

9　你有什么与众不同的自我价值感？
从不把自己看得过分独特。把人类自我的渺小和自然的广袤时刻铭记在心。

10　最想问读者什么问题？
假设你住在一个村子里，所有的亲朋好友都喝了愚人井的井水……变了个人。轮到你了，你是宁愿保持清醒理智，孤独一生，还是喝下愚人井的水，泯然而欢？

1　面对生活的不确定性，你觉得有什么能力是很重要，却常常被大家忽略的？

提到不确定性时，大家一般都觉得有对不受控的担心，但是不确定性不一定都是负面的，其实生活中有很多美好的事情也是不确定性的产物。保持对一切事情的"开放度"是重要的能力。

2　你有什么平衡工作和生活的技巧可以分享给大家？

一天当中不定时地（最好可以每小时）暂停一两分钟去静观当下的呼吸或身体的感觉，可以让过于活跃的大脑回到当下。

5　你最近一次的小崩溃是因为什么？你怎么应对的？

让自己暂停下来，去植物比较多的地方散步。走路时留意脚底、大腿移动的感觉，聆听大自然鸟儿、虫儿的声音，感觉太阳和微风在皮肤的热与凉，感觉空气进出身体。很快我就发现原来让头脑崩溃的想法只是想法而已，并不是事实的全部。

7　如果让你换一个句子来表达"Breathe and make more time for yourself"，你会怎么说？

Be kind, be gentle and be loving to oneself，即对自己友善点、温柔点和有爱一点！

8　基于你对呼吸的理解，请推荐一本书或一部电影。

电影是《时空恋旅人》，书是《深夜加油站遇见苏格拉底》。

方玮联

中国大陆第一位MBSR静观（正念）减压课程认证教师，督导师与师资培训师。热爱音乐、旅游和户外活动。

马培杰

《新京报·书评周刊》主编，关注并喜欢一切好看的东西。

1　你有什么平衡工作和生活的技巧可以分享给大家？

保持热爱，当工作和生活都是我所爱，那就不需要平衡。

3　你有主动触发幸福感的小技巧吗？

听喜欢的歌，骑车走在安全且开阔的路上。

4　当你需要获得自在的感觉，你会通过什么场景实现？

游泳，尤其在露天泳池或者大海里仰泳，顺便能看到即将消失在海平线的红色的太阳的时候。

8　基于你对呼吸的理解，请推荐一本书或一部电影。

电影是《无间道》，书是《斯通纳》。

9　你有什么与众不同的自我价值感？

在缝隙里寻找光亮。

李春梅

瑞典旅游局中国区首席代表。

1 面对生活的不确定性，你觉得有什么能力是很重要，却常常被大家忽略的？
认识自己的情绪，拥抱人性里负面的东西。

3 你有主动触发幸福感的小技巧吗？
学习一门手艺。

4 当你需要获得自在的感觉，你会通过什么场景实现？
一场旅行。

5 你最近一次的小崩溃是因为什么？你怎么应对的？
工作上遇到了很大的挑战，于是劝服自己从矛盾中心抽离出来，不仅缓解了焦虑，也很容易地找到了解决方案。

8 基于你对呼吸的理解，请推荐一本书或一部电影。
《有度》——一本介绍瑞典"不多不少刚刚好"的生活方式的书。

---

1 面对生活的不确定性，你觉得有什么能力是很重要，却常常被大家忽略的？
必要时合时宜的求助能力。

6 如果给自己一次不受限制的逃离机会，你会做什么？
去一趟火星，那里自转一天是 24.66 小时，跟地球差不多，不会感觉特别压抑，但重力只有地球的三分之一，失重、失声、失去一切联络，体验极致的感受。

8 基于你对呼吸的理解，请推荐一本书或一部电影。
《地心引力》。其实挺想推荐一点轻松的内容的，但在我心里，能倾听自己的呼吸，能发现自己的内心，是一件需要勇气和自觉的事情，它会让你更强大，就像《地心引力》里的桑德拉·布洛克。

9 你有什么与众不同的自我价值感？
做一件他人没做过或者没做成的事，都可以有与众不同的感觉，但能称之为自我价值的事情，可能是做这件事的过程：一群平凡的人，一起做一件不平凡的事，影响了一群不甘平庸的人。

10 最想问读者什么问题？
如果世界上存在一座疗愈博物馆，收录个体被这个世界治愈的故事，那么，属于你的独有疗愈记忆是一段怎样的故事，怎样的旅程？

陈梦焱

城市规划专家，疗愈系度假酒店"风马牛不是居"联合创始人。

朱莉

亲子正念专家，北京中科创新超常教育研究中心创始人。

1 面对生活的不确定性，你觉得有什么能力是很重要，却常常被大家忽略的？
与自己在一起，听到内心的声音。

2 你有什么平衡工作和生活的技巧可以分享给大家？
专注于当下的时刻。

6 如果给自己一次不受限制的逃离机会，你会做什么？
不逃离，就在这里享受所有的空间和可能。

7 如果让你换一个句子来表达"Breathe and make more time for yourself"，你会怎么说？
暂停，觉察，自由。

8 基于你对呼吸的理解，请推荐一本书或一部电影。
《静音》。

---

2 你有什么平衡工作和生活的技巧可以分享给大家？
不要过于自恋。

3 你有主动触发幸福感的小技巧吗？
不为明天忧虑，明天自有明天的忧虑。

4 当你需要获得自在的感觉，你会通过什么场景实现？
陶醉在审美中，比如听音乐或者阅读。

6 如果给自己一次不受限制的逃离机会，你会做什么？
去西藏的阿里，在冈仁波齐神山转一转。

7 如果让你换一个句子来表达"Breathe and make more time for yourself"，你会怎么说？
远离人群。

8 基于你对呼吸的理解，请推荐一本书或一部电影。
波拉尼奥《2666》。

周云蓬

民谣歌手，诗人。

你永远不要停止异想天开。
你也永远不能让别人对你的生活负责。

— 玛丽·奥利弗

插画：XUAN LOC XUAN

幸福

WELLBEING

wellbeing

创造属于你的小奇迹

作者：
贝森·路易丝·诺兰
Bethan Louise Nolan

获得语言神经程序（NLP）认证的实践者，帮助人们治疗压力相关问题，比如抑郁、焦虑。

投入时间进行自我关照，准备健康的食物，有规律地开展锻炼……很多人都知道做什么能减压，也知道如何着手去做。但是，花时间练习自我关照却很困难。需要清洗的餐具越来越多，狗也需要遛，项目的截止日期渐渐逼近，自我关照永远是越来越长的待办事项清单上的下一项。

在这样的日子里，想找到合适的时间进行自我关照往往事与愿违，令人感到压力倍增，不知所措。本应是滋养灵魂的方式却成了另一种负担。

这是我5年前的状态。我每天都感觉有很多事情要做，时间却很有限。自我关照总是放在待办事项清单的最后。结果就是，我的健康和幸福都受到了影响。那时我筋疲力尽，疲惫不堪，压力很大。我无精打采，体重超标，感到很不开心。我不顾一切地想要休息一下，梦想着开启一段新生活，远离现代生活所有的压力，躺在沙滩上或星空下休息。

然而，总是向往另一种生活并非解决之道。我必须从现在的生活中找到一种方法，彻底改善我的健康和幸福状况。从那以后，我找时间去追随我对心理学的热爱，冥想，和朋友们待在一起，每天出去玩。我的体重有所下降，也感觉身形更好、更健康了。我越来越淡定和快乐。我是怎么做到的呢？

网文和书中的文章告诉你该如何促进身心健康，但只有极少数人有时间付诸实践。在这篇文章里，一位人生教练阐述了她是如何腾出时间进行自我关照的。

三个节省时间的方法（见下文）对改变我的生活起到了至关重要的作用，这些方法使我能够将我所需要的自我关照付诸实践。我希望这些方法也能帮到你。

把目标变小一点

这些小目标让你停止思考那些你认为需要做的大事，从而为可以改变生活的日日积累的小行动让路。生活即重复。蹒跚学步的孩童就是这样学会走路的。他们相信自己能做到，并不断尝试。无论跌倒多少次，他们都不放弃，最终取得成功。对健康和幸福来说，最重要的不是每两年一次的大事件或成就，而是每天发生的微小但有意义的事情。坚持比完美更加重要。对我来说，我需要摆脱孤注一掷的心态。

我认为自己需要在沙滩上休息两周，所以不愿花10分钟时间坐在长椅上享受户外时光。我想要一小块农田以更亲近自然，所以不愿通过在花盆里播撒一些种子建立与自然的联系。我曾经以为只有在午餐时间跑步才能得到更多锻炼，所以连离开办公室散步5分钟也不愿意。

这些目标和行动小到你每天都很容易找到时间完成。小目标的能量可以从以下好处中体现出来：

- **动力**。小目标非常容易掌控，开始行动的阻力也就不见了。这样你就无须在采取行动之前积累巨大的动力。动力往往在你开始做某件事之后发挥作用，而不是之前。你一旦开始，就会有想继续下去的冲动，并超越你的小目标。

- **习惯**。经过最初的努力，重复会将完成目标转入潜意识的自动编程模式，使之成为一种习惯，成为日常生活的一部分。

- **复合效应**。达伦·哈代在他的著作《复合效应》中描述了坚持的好处如何随着时间的推移超越付出的努力。如果人们通过持续的训练锻炼肌肉，那么即使不去健身房，他们也能从新增的肌肉中获益。或者，如果人们通过持续的冥想来增强大脑前额皮质功能，他们一整天都有多出来的脑力，即使在没有冥想的时候。

你每天定的目标越小，收获越大。想想你每天都能实现的目标，行动起来吧。

管理好你的时间与精力

对很多人来说,生活总是被日程安排和截止日期支配。但是,影响我们在工作或家庭中的表现的不仅仅是花多少时间完成一项任务,还有我们能在工作、娱乐和人际关系中投入多少精力。你有没有过这种经历:着手完成一个项目时,有时候30分钟就成果斐然,而有时候可能要耗费一整天时间?通常,区别就在于你维持精力水平和保持专注的能力。但是精力需要生成。在养精蓄锐方面,有很多东西可以讲。有时候,人们只是把休假当作不用工作的时间。其实,休假和玩耍的时间同样有价值。职业运动员会像关注营养和训练机制一样关注午休时间表。

我开始把自我关照活动看作一种对精力的投资,而这些活动让我事半功倍。试想你通过哪些投入可以产生更多精力。什么事能使你充满精力?什么事耗费精力?几乎每个人都能从乐趣中产生精力,但我们常常觉得没有时间做些有趣的事。假如你知道当天晚些时候安排了一项有趣的活动,你能否更快地完成手头的任务呢?

迫于工作压力,你有多久忙到没时间吃午餐了?休息20分钟,确保你下午有足够的精力专注于完成更多的工作,这样是不是更好?你可以把自我关照看作一种精力投资,为自己赢得更多属于自己的时间。

重新评估优先顺序

如果你认为自我关照对你的幸福、健康、精力、工作表现、人际关系和积极应对生活挑战的能力来说至关重要,那你将如何安排每日活动的优先顺序呢?

你不可能把每一件事都做好,也不可能取悦每一个人。重要的是,并没有人指望你这样做,但是通常情况下你有必要做出一些艰难的抉择。为自己创造时间可能让你感到不安,因为这要求你把更多的任务委派给别人,设定界限,对一些事情说"不",学会寻求他人的帮助,在看电视和浏览社交网站等分心的事情上更加自律。

我过去常常觉得需要得到别人的允许我才能抽出时间休息。现在我才明白,我只需得到自己的允许。这不是自私,而是责任。它使我和我关心的人受益。每个人都同样值得拥有把自己放在首位的时刻。不再对自己说"我没有足够的时间",而是用"这不是优先考虑的事情"代替会怎样呢?这将如何改变你考虑自己的选择的方式?当你改变你所说的话,你就能找到新的解决方案。

把"这不是重点"改成"我不是重点"会怎么样?这会让你对一天的优先顺序有什么感想?有时候,为自己创造空间时的心理斗争可能表明你的自我价值感很低,你认为重要的是你实现了什么,而不是你自己。这种信念让你很难把自己的需求放在首位。如果这听起来像是在说你,拿起笔补充下面这两句话:

- *"我很重要,因为……"*
- *"照顾好自己很重要,因为……"*

你的需求很要紧。你很重要。你值得拥有属于自己的一些微时刻,帮自己重新激活健康和幸福。

5 分钟自我关照小目标

- 早餐时听一些让你感觉愉快的音乐来改善心情。
- 开车时听励志的播客或有声书。
- 冥想 5 分钟。
- 到户外空气清新的地方做几个深呼吸,补充维生素 D。
- 微笑一下,无需任何理由。
- 向你生活中的一个人或一件事表达感激之情。
- 醒来之后多喝一杯水。
- 在你的饭里多加一份蔬菜。
- 说"不"。
- 给一个朋友发短信。
- 练习活在当下,获得微观体验,比如闻一朵小花,抚摸一只宠物,或是听一段旋律。注意周围的细节。
- 洗碗时念一段积极的"咒语"。
- 安静地休息 5 分钟。
- 做一个下犬式瑜伽动作。
- 做一个俯卧撑。

插画:GINNIE HSU

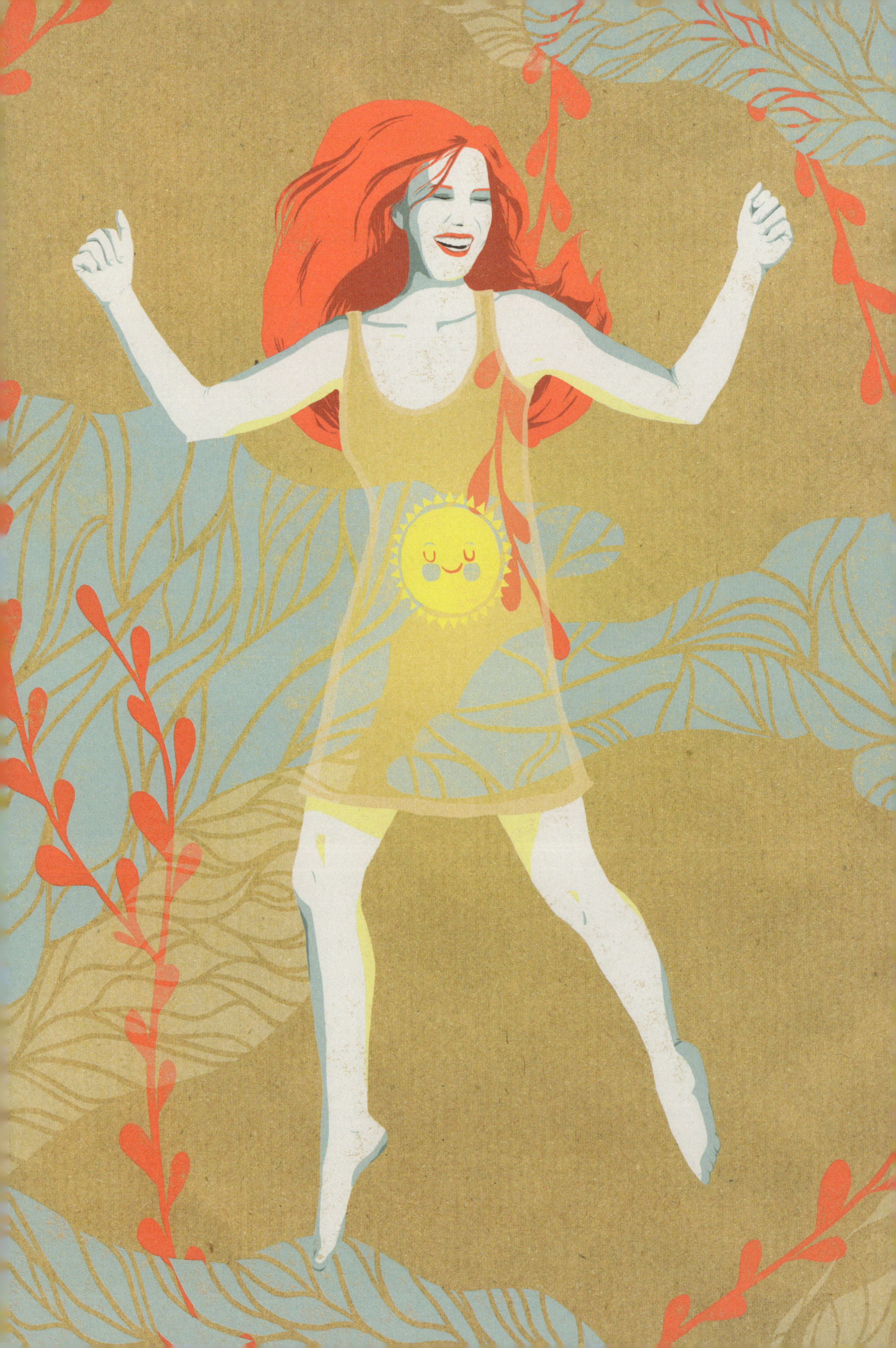

wellbeing

自嘲：自我接纳的艺术

自嘲——大自然的万灵药——几乎可以治愈一切。

作者：
卡洛琳·帕滕顿
Caroline Pattenden

"然后我意识到我的裙子一直塞在短裤里。"——这一逸事会令人不寒而栗，还是自嘲一下，当作一个精彩的故事的好笑结局，取决于一个人的感受。当然，这在很大程度上取决于你是讲故事的人还是听众，但总的来说，那种纯粹的、白热化的尴尬是人人都能理解的。

有些人似乎喜欢讲故事的人分享个人故事，而这些故事的结局往往很尴尬，一点也不讨好，不知道最好的做法是不是转身离开，以免大家面面相觑。但是，不论你将这些可耻的失误隐藏起来，还是和有意愿倾听的听众分享，有一件事是 100% 肯定的，事实上一点点自我贬低对讲好故事很有帮助，并且比在酒馆里讲一个好故事下酒的能力更有优势。

如果你读过任何关于笑的心理学研究内容，你就会知道"笑是最好的良药"这句话绝不是陈词滥调。相反，这句话指向所有强调偶尔长时间捧腹大笑对身体和精神有好处的研究。大笑除了让人们感觉更好外，对人的生理和心理都有好处，如果你认同"大笑即良药"先驱诺曼·卡曾斯的观点，就会知道原因何在。

在诺曼·卡曾斯被诊断出退行性和疼痛性疾病之后，他宣称：自己每天只要捧腹大笑 10 分钟，晚上就能有两小时的无痛睡眠。

尽管这只是某个人的个人经历，但医学界确实支持这一观点。2018 年 9 月，佐治亚州立大学的一项研究显示，将大笑融入体育锻炼，可以显著改善成年人的心理健康数据、有氧耐力和自信水平。然而，为了逗乐而笑和具有挑战性的自嘲能力之间存在着差异。也许你发现自己没有这种特质，或者你天生内向，又或者一想到自己会成为被关注的焦点，就感到无比尴尬。当事情出错时，有没有可能学会不那么难为情，毫无负担地大声自嘲？答案似乎是肯定的。一项小研究提出了几个自助公式，可以帮助你找到答案。在网上简单搜索一下，就会找到有很多励志名言讴歌不把自己太当回事的美德。

如何做到呢？首要步骤之一就是完全地接纳你自己，包括所有怪癖和缺点。

与其将你性格中的这些方面隐藏起来，倒不如把这些让你成为你自己的东西展示出来。这能帮助你从那种必须让自己看起来完美无瑕的紧张状态中解放出来。那些自嘲的人并不会完全忘记自己，往往很有自知之明，但不会达到自我厌恶的地步。相反，他们对自己脆弱的人性状态有着深刻的理解，这种状态使他们完全地接纳自我。这似乎是不把自己太当回事的关键。

一旦意识到人类与生俱来的愚蠢，我们就更容易对所有人每天甚至每小时都会犯的荒谬的错误和出现的疏漏一笑置之。尽管大笑的好处在总体上得到了强调，但是自发的大笑确实会带来特别明确的好处，而且面向内在。

首先，根据奥地利因斯布鲁克大学高级讲师乌苏拉·比尔曼的观点，自嘲有助于人们意识到他们不是宇宙的中心，不是所有的事情都围着他们转。心脏病专家发现，自我贬低和自嘲就像大笑一样，不仅能让人们变得不那么自私，还有益于身体健康，尤其能让心脏得到良好的锻炼。

自嘲能帮助人们更好地应对压力，就像诺曼医生发现的"大笑即良药"，自嘲也能帮助人们更好地面对疼痛。

变得不那么自私，而且身心更加健康？大笑是一种简单而又看似神奇的全方位健康护理方案吗？它构成自我认知和真实的日常生活之间健康关系的一部分。承认我们的确只是普通人，拥有生命带来的一切乐趣、挫折和挑战这一事实，并不是什么应该感到羞耻或担忧的事情，相反，它是这个世界许多幽默之处的来源。

发现他人和自己与生俱来的愚蠢是另一种让我们通过共同的经历、尴尬和荒谬感建立联系的手段。人们应当欣然接受这一切，而不是回避。通过自嘲练习自我接纳的艺术，期待更快乐、更健康，同时适应性更强的身、心、灵。✋

wellbeing

万能的阳光维生素

作者：

索菲亚·奥尔德
Sophia Auld

有些补充剂既昂贵又无效。但有一种免费的补充剂，经过科学证明，在大多数情况下只要走到外面就能被吸收。但也要适可而止。

这种补充剂被描述为"21世纪的奇迹营养素"、"在过去20年里医学领域的第一大公共卫生进步"和"美国最经济的单一医疗干预"。不仅如此，它还是免费的，随时可用，不需要处方。它到底是什么呢？维生素D，也被称为阳光维生素，主要有两种形式——存在于植物中的维生素D_2，还有存在于动物组织中的维生素D_3（也被称为胆钙化醇）。

出人意料的是，这竟然不是一种维生素，而是一种类固醇激素。尽管有些食物含有少量的维生素D，但维生素D主要通过阳光照射在皮肤上产生。

维生素D发现于20世纪初，那时爱德华·梅兰比医生开始关注佝偻病（一种影响儿童骨骼发育的疾病）在英国的高发病率。他一直追随其他医生的脚步，研究饮食对健康的影响，怀疑佝偻病可能是一种营养缺乏症。实验证明有一种新的维生素——维生素D可以预防佝偻病。后来的研究发现，在夏天晒太阳或接受人工紫外线照射对缓解佝偻病儿童的症状会有所帮助。

神奇的营养素？

从那时起，研究陆续证明了维生素D对骨骼和肌肉健康的重要性。悉尼大学的丽贝卡·梅森教授已经研究维生素D40多年，她解释说："严重缺乏维生素D的特征不仅仅是无法使骨骼矿物化或者得佝偻病，还有肌无力。"虽然维生素D被誉为神奇的营养素——与肥胖、糖尿病、感染和癌症等疾病有关，但丽贝卡表示看到证据很重要。"基于随机对照试验的研究并没有显示维生素D（对这些病症）起作用，但这并不意味着它没有作用，只能说明它的作用还没有显现出来。"

丽贝卡解释说，有几个原因可以解释为什么实验无法证明除关联之外的任何东西。首先，很难找到过度缺乏维生素D的研究对象。其次，如果试验者体内的维生素D含量在合理范围内，给予他更多的维生素D可能没有任何效果。另一种解释是，缺乏维生素D的人往往身体虚弱，不舒服，不愿意到户外或锻炼，这也是他们出现健康问题的原因。

尽管如此，还是有一些鼓舞人心的研究结果的。自身免疫性疾病就是一个例子，这种情况指一个人的免疫系统错误地攻击了自己的身体组织。动物研究证明，维生素D可以降低动物在这些情况下的患病风险。然而，丽贝卡警告说，人类与维生素D之间的关系尚不明了。"有一个纬度梯度——离赤道越远，患多发性硬化症和其他自身免疫性疾病的风险就越高。其中可能是阳光的直接作用，而不是维生素D。"

有趣的是，维生素D尽管可能会抑制自身免疫反应，但是可以帮助身体抵御感染。例如，发表在《英国医学杂志》上的一项研究对1.1万个0~95岁的人进行调查，发现每天或每周补充维生素D降低了所有参与者患急性呼吸道感染的风险。

对情绪的影响

另一个和维生素D有关的领域是情绪。不过，这是一种关联，而非因果关系。事实上，丽贝卡认为对情绪的积极影响极有可能来源于日光暴晒。她说："抑郁症患者体内的维生素D含量往往较低，但几乎可以肯定的是，这与抑郁症患者不喜欢出门有关。我们知道可见光对情绪有重大影响。你可能听说过一些国家的人在冬天会出现季节性情绪障碍，而这些国家没有充足的阳光……你可以用非常明亮的光线治疗一些情绪障碍。"她补充说，还有很多证据表明，户外活动和锻炼对改善情绪有好处。

虽然可见光对情绪有益，丽贝卡说至少有一项研究显示了补充剂的积极影响。这项研究主要针对超重和肥胖人群进行，这类人更有可能缺乏维生素D。研究人员给他们注射了"相当大剂量"的维生素D，这种维生素对情绪产生了微小却重要的影响。丽贝卡说，许多其他试验没有出现这样的结果，可能因为参与者一开始就不缺乏维生素D。

除了骨骼和肌肉健康，与维生素D缺乏相关的一个领域是(过早)死亡。丽贝卡说，有几项研究表明，给缺乏维生素 D 的人服用维生素 D 和钙补充剂（含量各不相同）可以将他们（过早）死亡的风险降低 4%~6%，她补充道，这"不容小觑"。

究竟需要多少维生素 D 才能达到最佳的健康状态仍存在争议。丽贝卡建议大部分人的膳食量是每天 600 国际单位，70 岁以上的人每天 800 国际单位。维生素 D 的来源包括鱼肉、鸡蛋和晒过的蘑菇，还有谷物和牛奶。

然而，问题在于食物中的维生素 D 含量极低。"在大多数的饮食中，人们无法达到推荐的维生素 D 量，所以维生素 D 主要来源于阳光。"丽贝卡说，"请记住，户外活动对你的情绪和免疫系统都有好处，所以这是更好的选择。如果你出于某种原因真的无法出门，我们建议每天补充 1 000 个国际单位的维生素 D，至少也要 600 个。"

日照的风险和好处

出门晒太阳也有一系列风险，而且究竟需要多少阳光才能产生足够的维生素 D 尚不明确。丽贝卡解释说："毫无疑问，阳光是大多数黑色素瘤和其他皮肤癌形成的主要因素，所以你必须平衡日照的风险和好处。如果你有黑色素瘤病史或者免疫抑制——如果你正在使用皮质类固醇或是有器官移植病史——你患皮肤癌的风险更高，在这种情况下，从补充剂中获取维生素 D 是明智的选择。"

对其他人来说，推荐的日照方式也不尽相同。例如，在澳大利亚，基于有限的证据，专家建议在夏天的上午九十点或下午三四点将你的胳膊暴露在阳光下 6~10 分钟，这对于浅肤色的人来说就足够了。肤色较深的人需要 3~6 倍的时间。冬天所需的日照量在很大程度上取决于你住在哪里，以及是否因为太冷不适合过多地暴露在阳光下。

虽然任何程度的紫外线照射都会对皮肤造成 DNA（脱氧核糖核酸）损伤，但通常只要不过量，身体能够自我修复。丽贝卡的研究团队有一项令人兴奋的发现，即皮肤中产生的维生素 D 也有助于修复自身产生的损伤。尽管如此，还是建议大家要小心，尤其是对年轻人来说，晒伤会显著增加患皮肤癌的风险。

实验室测试显示，防晒霜会阻碍维生素 D 的生成，但有证据表明，人们在实际生活中并不会受到影响。原因是人们不会把防晒霜涂满全身，而是按照推荐的剂量涂抹或者多次涂抹。丽贝卡解释道："涂防晒霜可以保护你的皮肤，而且人们使用防晒霜的方式，可能不会产生太大的影响——如果你在户外，你的皮肤仍然可以产生一些维生素 D。"

尽管想完全了解这种重要的营养物质还要做很多工作，但毫无疑问，充足的维生素 D 对于达到最佳健康状态至关重要。

wellbeing

停止寻找借口

对自己的所作所为负责其实很有好处。

作者：
洛娜·考恩
Lorna Cowan

回想一下。你可曾责备过小狗啃了你的作业或是兄弟姐妹把球从窗户里踢进去？人们往往在小时候就开始推卸责任。无论是为了躲避老师或父母的怒火，还是为了维护自尊，将自己的缺点或失败归咎于其他人和事似乎是一件很容易的事。

将上班迟到归咎于公交车司机造成的堵车；烤煳了吐司就对同伴或室友大吼大叫，觉得他们分散了你的注意力；外出见朋友时浑身被雨淋透，便怪天气不好。有时候，指责别人或其他事情似乎是处理个人错误最好的方法。然而，你本可以提前 20 分钟出门，烤吐司时多留心一下，或随身带一把雨伞。准备好接受问责了吗？

正如英国前首相温斯顿·丘吉尔在哈佛大学接受荣誉学位时所说:"伟大的代价是责任。"自己错了却归咎于他人的人往往学不到什么,又失去别人的尊重,并且很难发挥出自己的潜力。当你对自己的失误或疏忽负责,成功也随之而来。"要勇于承担责任。"美国行为科学家、励志演说家及作家史蒂夫·马拉波利赞同地说,"指责就像水,很多梦想和人际关系都淹没其中。"如果你不坚持认为某人或某事有错,还能做些什么?

1 主动学习

每个人都会犯错,错误也是生活的一部分,但并不是每个人都有勇气承认自己的错误。如果你接受你对自己的行为负有责任,没能得到新的工作机会是因为你准备不充分,而不是面试官的问题不好,那么这证明你适应能力强,愿意主动学习,追求进步。你不必惩罚自己或者觉得一次失败就说明你性格有缺陷或能力不足。相反,你应当将不完美看作成长的机会。如果你能更清楚地意识到一些行为可能带来的后果,无论是好是坏,你都能在未来做出更好的判断。如果能够接受指责,说明你有冷静的头脑和内在的力量,这些特质会为你赢得尊重。

2 承担责任

在你把责任推卸给别人的那一刻,你也将权力推给了别人。不经意间,你让他们控制了局面——退一步讲,也控制了你。这会让你受到更进一步的批评,更容易被伤害。最初不承担责任可能会让你感觉心里更舒服,免于苛责,但从长远来看,你总得为此付出代价。如果你承担了相应的责任,并意识到你本可以采取不同的行动,你就掌握了控制权。

3 专注于重要的事情

当你想保护自己的自尊心时,你很容易把错误归于他人,尤其是当他们不在旁边,无法为自己辩解时:"不是我把复印机弄卡纸的,人力资源部的德雷克早些时候用过。"但是,说谎或者隐瞒真相可能会让你感到内疚,甚至久久无法释怀。向上天祈祷真相不会被人发现的做法不能解决任何问题。坦白地说出来,那些让人痛苦的罪恶感就会消失,你才能把精力放在更重要的事情上。

4 享受更快乐、更健康的人际关系

如果你总是因为一点小事就去责备别人,你很可能会失去朋友。没有人愿意在一个具有破坏性、给别人带来伤害、拒绝看到自己缺点的人身上浪费时间。如果你经常批评甚至谴责别人,你的亲人、同事和熟人也会对你敬而远之,这是可以理解的——提防你在不知道什么时候会做出什么,让他们再次受到牵连。如果你能对自己的行为负责,人际关系也可以发展得很好。坦诚面对人性的弱点,有助于建立更牢固的关系,提高你的可信度。这让人们更紧密地联系在一起。

5 完善自己

你以为逃避犯过的错误能让你感觉好受一些,但事实恰恰相反。找借口或是急于责怪谁只会让问题一直存在——它们不会奇迹般地消失。与其妄下断言,不如把你的精力和时间用于完善自己。为何结果如此令人失望?下次该做出什么改变呢?人们可能会陷入墨守成规的窠臼,但如果你勇于承担责任,积极探索其他可能性,那么新的或许更有成就感的体验就会呈现在你面前。这样做可以使思维更加活跃,减少压力,培养抗逆力。你会感到振奋,充满活力。

6 做出改变

如果你总是在问题出现时不公平地指责或斥责他人,那么你很可能是一个用消极眼光看待世界的人。说"这不是我干的"成了人的第二天性,这样说并不能让情况有所改善。如果你对自己生活的方方面面感到不开心或者不满意,就不要玩这种推卸责任的游戏。相反,试着调整并利用你的主动性,积极思考并做出改变。如果你愿意在事情出错的时候承担责任,那么当一切顺利进行的时候你也可以欣然接受这份荣誉,这是一种很棒的感觉。

wellbeing

拥抱"关机"时间

作者：
鲁比·德沃伊
Ruby Deevoy

世界是一个非常嘈杂的地方。这是不可避免的。我们终日忙于应付通勤、工作，处理琐事和管理家庭——现实生活中似乎总有这样那样的事情需要做。在忙碌的日子里，人们认为努力完成尽可能多的工作意味着生产力很高，甚至让人印象深刻。但在一天中的某些时刻，几乎每个人都会不自觉地陷入拖延的状态，这种状态通常就是在浪费时间。

当你有工作要做时，却忍不住快速浏览社交媒体这种习惯性反应如果不是一种过失，而是一种需求呢？这些经常被看作效率低下、浪费时间的无聊活动是否很有必要呢？事实证明，是的。

让大脑在一天中有规律地休息已经屡次被证实是绝对有必要的，既能让你发挥真正的潜能，也能让你心情愉快。当你真正放松下来的时候，大脑会

给大脑时间和空间放松——编织、绘画或是做白日梦有助于决策制定、创造力和社交互动。

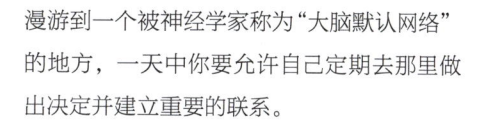

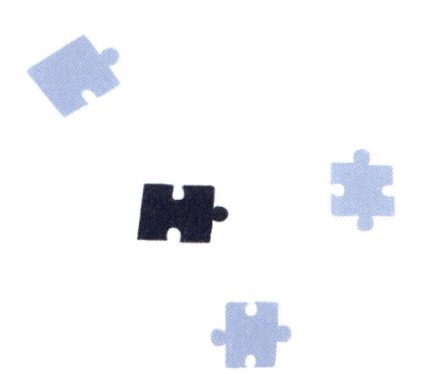

幸福

漫游到一个被神经学家称为"大脑默认网络"的地方，一天中你要允许自己定期去那里做出决定并建立重要的联系。

关于这一课题的许多研究，首次出现在50多年前。研究员威廉·德门特和内森·克莱特曼在研究睡眠的五个阶段时发现，大脑在晚上出现的模式在白天也会出现。这种节奏不断地推动我们进入警觉性更高或更低的阶段，每90分钟让大脑休息一段时间，在大脑内部处理新信息。这一放松的空间——大脑默认网络在决策、创造力、生产力、自我反省和社会互动中发挥着重要的作用。

阿尔法波和贝塔波

"当我们醒着时，大脑通常处在贝塔波（白天时活跃的脑电波）中。大脑没有时间休息时会非常疲惫。我们的大脑不停运转。我们每天一醒来就拿起手机开始查邮件，到了晚上我们还在做着同样的事情，大脑在一天中从不曾停歇。"阿育吠陀睡眠教练艾莉森·弗朗西斯说道。

她继续说："大脑需要静下来，才能连接创造力和真理。当大脑处在这种状态时，就是在阿尔法波中。这种状态不是窝在沙发里看电视或刷社交媒体，而是此刻你只属于当下，不受任何干扰。"

心理学家米哈里·契克森米哈赖重新定义了"进入状态"这个概念，称之为"心流"。他在 2004 年的 TED* 演讲中提到，花时间使自己专注于一项有创造性的活动是"幸福的秘诀"。

他进而解释道，在"心流"中，活动之外的存在会暂时停止，在短时间内，你会感觉一切皆有可能。有进一步的研究证实了这个观点。例如，日本 NARO（农业食品产业技术综合机构）花卉科学研究所在 2010 年对插花（一项受许多人喜欢并且被认为是十分具有吸引力的活动）效果的研究表明，正如预测的那样，这种重复性和创造性工作可能会缓解紧张情绪。

研究表明，沉迷于休息带来的简单乐趣中，每天至少休息几次，可以极大地改善精神和身体健康以及人际关系，还可以帮你发现新的有生产力和创造力的领域。所以，放慢生活，给自己时间参与一项能够沉浸其中的活动，享受你应得的休息时间。

* Technology（技术）、Entertainment（娱乐）和 Design（设计）三个单词的首字母缩写。该组织是美国一家非营利性机构。
——编者注

wellbeing

什么才算真正的休息？

1 插花
插花活动可以根据不同个体的需求进行调整。你可以选择令人放松的气味和颜色（比如蓝色调和紫色调的小苍兰、薰衣草、鸢尾花），或是使人兴奋的气味和颜色（橙色、红色和黄色的花）。而绿叶植物更能增强你的创造力，某些植物（如天竺葵、雏菊和杜鹃花）还可以帮助你净化家里空气中的化学物质。

2 阅读
几乎没有任何事情比读一本好书更吸引人。刚开始只是想稍微浏览一下，结果一不小心就会如饥似渴地读上一小时甚至更久。人们时常感觉好像没有时间享受阅读的乐趣，但是你要记住，如果把放松排在首位，那么在工作时间就有可能收获更多——所以，喝杯茶，快速翻阅一到两个篇章。

3 学一门手艺
那些需要重复性动作或思维过程的活动，不仅有助于集中注意力，还不会让人有压力。到了活跃的大脑休息时间，处于这种状态就像找到一方居心地。有许多手工活动符合这个标准，其中编织（见第53页）最受欢迎。

4 玩填字游戏
许多人认为填字游戏是一种训练大脑的活动，而不是让人休息的活动。但大量证据表明，处理一个可以完成的智力游戏，可能让你的大脑进入舒缓的大脑默认网络。

5 社交
你的休息时间不一定要在孤独中度过。积极地和朋友交谈，尤其是在交谈中大笑，这是走出忙碌的状态，有效放松的绝佳方式。

有如此多的证据表明，一个得到充分休息的大脑运转正常、压力较小，是时候改变人们对真正的生产效率的看法了。

从现在开始，暂时放下围绕着"需要停下来、退后一步、放松一会儿"的负罪感。相反，接受这个概念，因为这或许是世界上最大胆、最聪明的创新者取得成功的关键。

插画：LYLEAN LEE

wellbeing

随水而动

作者：
贝弗利·德席尔瓦
Beverley D'Silva

在泳池派对上，你可能见过一些人像花样游泳运动员一样在水中跟着音乐扑腾。假设你没有和他们一起扑腾。尽管游泳一直是一种流行的健身方式，但各种各样的水上运动越来越受到人们的青睐，而这些人希望进行一些对关节更有益的低强度锻炼。

除了水中健美操和水中尊巴，垂直或直立于水中的运动也越来越多，有水中漫步或慢跑、水中健身操和柔韧性训练、水中瑜伽、深水训练、墙壁运动，甚至还有水中动感单车（机器在水下）。

水上健身迷们似乎发现了好东西。研究显示，在增强力量、耐力、灵活性和身体机能方面，中高强度的水上运动和陆上运动同样有效。根据非正式研究，在水中锻炼有助于缓解骨关节炎引起的疼痛、僵硬和其他症状，减轻压

幸福

前往你当地的游泳池来一次与众不同的锻炼。

力和焦虑，降低血压，燃烧大量卡路里，最后同样很重要的是，这是一项有趣的社交活动。

水中运动会让你体验失重的感觉。事实上，在水中你的体重减轻了90%，借助浮力你可以毫不费力地在水中漂浮、上下快速移动和放松。怀特岛海德鲁·阿克蒂夫公司的斯特芙·图古德说："你可能觉得自己在水中的运动量不是很大，研究表明，事实并非如此。"

斯特芙已有30年的水中健身教学经验，致力于培训水上运动教练，教授各个年龄层和健康水平的学生。"垂直游泳比水平游泳阻力大75%，因为垂直运动最大限度地增加了水对运动的阻力。水上运动比陆上运动多12%~14%的阻力——你感觉全身都在负重。"

水中运动既能提高锻炼强度,也挑战了在陆地上锻炼时更难锻炼到的肌肉。而且,由于失重,你可以让身体进行更大幅度的运动。因为冲击小,在水中锻炼让你感觉关节更舒适,尤其在深水中,几乎没有冲击力。对于使用浮力辅助设备的游泳健将,斯特芙教他们一些深水区训练的技巧,而大多数学生在水中能没到胸骨的位置。

她说,"在陆地上,我们只能上下对抗,"在水里你可以推、拉或跳,因为水有360度的阻力。你不得不降低速度,但这并不意味着效果更差。肺在静水压力下工作必须更加用力。

"静脉和动脉在扩张,你不会那么容易上气不接下气。当你的呼吸频率在一个较低的范围时,你不会觉得自己被推着。运动过后你可能会感到疲劳,但不会像在陆地上那样感到肌肉酸疼。"

斯特芙热衷于消除人们对水上运动的一个普遍误解:"顺便说一句,这不仅仅是老奶奶的专利,许多顶尖运动员也在水中训练。(前英格兰国脚)大卫·贝克汉姆曾做过水中训练,我还教过伦敦爱尔兰和小丑两支橄榄球队。"她还观察到,那些受过伤的运动员为了能继续训练而进行水上运动,当他们回归正常训练时,比以往任何时候都更健康。

我决定在当地的户外游泳池上一节水中健身课。我是大约10个30~60岁(可能包括一些老奶奶)的女性中的一员。我们那天的老师是伊万娜·卓科维奇,她站在水池边,带领我们跟着音乐热了身。她告诉我们,为了保证所有人的身体在一条直线上,我们要保持腹部收紧,支撑起直立的脊柱,并把我们的臀部稍微收起来(当向后移动时尤其重要)。

我们弯曲、拉伸手臂和腿部,然后是肩膀和腰部。因为水的重量,我们很难跟上她在陆地上设定的速度,每个人都有点像急着钻空子。我们用"水中面条"(一种柔韧的泡沫条)来配合练习,进一步拉伸和弯曲身体,用哑铃来锻炼手臂肌肉,增强心血管功能。不同的水中动作节奏不同。显然高强度的间歇训练(每次剧烈的无氧运动之后,紧接着是强度较低的恢复时间)是最有效的水中运动方式。55分钟后我们才平静下来。

我感觉自己完成了一次全面的锻炼——强度犹如一套杠铃操，累并快乐着，肌肉真正得到了锻炼。那也是一种乐趣。

你也可以使用沙袋，提高对手臂或腿部的挑战性；用踢腿板，抓住它，增强上半身的力量；还有慢跑用的腰带，一种泡沫材质的腰带，用它保持浮力。浮力支撑着身体，你就能做在陆地上很难完成的大动作。手部划水和向下运动让你学会平衡和控制自己的身体。

伊万娜解释说："在水中，你的肌肉被迫更加用力，燃烧更多的脂肪，比在陆地上运动能更快地强身健体。"水的压力也能促进血液循环，虽然你的心脏可能在努力工作，但据估计，你在水中锻炼时的心率会比在陆地上锻炼低10%~20%。因为你无法像在健身房那样用监测器来检查心率，所以倾听身体的声音，不要把自己逼得太狠，这很重要。

你也要避免在冷水中进行静态拉伸，一个好的教练也会注意到这一点。在含氯的水中待上一个小时会有什么影响呢？这比大多数人一次在游泳池里待的时间都长。

斯特芙说："现在很多地方都往游泳池里撒盐，一般情况下，这样水中的氯含量就会好很多。我们还是建议你每次训练前先冲个澡，这样可以防止皮肤受到化学物质的伤害。"即使你戴着帽子，氯也会影响你的头发，而水中健身的好处是，你可以用发卡把头发固定起来，不让头发碰到水。

至于穿什么，斯特芙的建议是，你需要一套合身的泳装，而非比基尼。你可以根据自己的需要增加游泳帽、护目镜、手套和游泳鞋。如果你在户外训练，则要考虑一下日照的影响。即使在微弱的阳光下，我也被晒黑了。当然，为了避免这种情况，你可以穿上能遮住更多皮肤的泳装。

最后，尽管你周围可能到处是水，但还是有必要在泳池边放一瓶水，你需要补充大量的液体，以防脱水。你可能没有注意到在水中运动时也会出汗，因为你感觉不到或看不到汗水和体温的影响。🖤

插画：SARAH WILKINS

幸福

wellbeing

个人训练

除了参加运动课程，你也可以自己练习很多水上运动。以下是经验丰富的斯特芙教练给出的一些建议。这些运动可以锻炼和增强许多肌肉群，还可以把你的心率提高到一个良好的水平，带你见证身体健康状况的改善。确保从几个重复动作开始练习，并根据技能水平的提高而增加运动量。

- 向前然后向后慢跑，用手臂辅助。重复上述动作，手臂放在背后，以增加强度、改善姿势。
- 开合跳：开始时双腿并拢，跳跃时双腿向两侧张开，然后并拢。手臂可以向侧面打开，也可以向前推，甚至可以向下按压。
- 像越野滑雪那样移动双腿，前后摆动手臂，然后对腿部施力来增加强度。
- 向各个方向踢腿——前方、侧方、后方，在踢腿的同时向相反方向伸出手臂以保持平衡。

踢腿时可以将脚尖绷直或用力蹬腿。

wellbeing

观鸟，也可以很有趣

作者：
弗朗西斯卡·贝克
Francesca Baker

观察鸟类这项活动本身令人愉快且很容易做到，但正如这个人的洞察所揭示的那样，观鸟也能有力地帮助你恢复健康。

我以前从未真正对鸟类有过兴趣。我认为它们不适合我。这和鸟类的尖喙、粗糙的爪子有关。但在过去的一年中，我渐渐爱上了身边那些长着羽毛的朋友，当我花时间在户外观察它们时，我从大自然中收获了幸福。与此同时，这项活动增强了我与妈妈的联系。

我生命中的大部分时间，都在和严重的厌食症做斗争。2016年，我的病情再次复发，亟须住院治疗。我迫切地想避免厌食症卷土重来，30岁的我决定放弃伦敦的工作和生活，处理了公寓，回到父母身边，通过他们的帮助逐渐恢复饮食，体重也增加了。这个过程并非一帆风顺。但我发现生活总有一线希望，因为开始研究鸟类——找到了我和母亲共同的兴趣。

一切从早餐开始。要想从厌食症中康复，必须频繁地吃大量食物，几乎不运动。另外，我身体脆弱又怕冷，经常外出对我来说根本行不通。所以作为"稀有鸟类观察者"的最初几天，我都是在起居室观察郊区小花园里的鸟。小麻雀也许并不能令人兴奋，但它是我正确识别的第一种鸟。一个冬天的清晨，我出门给鸟儿们买了一些花生。爸爸把花生放到喂食器里，然后用线吊起来。于是我可以在享用早餐的同时，也看着鸟儿们进食。

有一种鸟我们一开始都没有认出来。妈妈对这只小鸟的红色冠毛和黑色条纹眼睛不太熟悉，我们翻阅了一大本鸟类百科全书，一直翻到"W"才有结果。事实证明，太平鸟只会在冬季来到英国的花园，每7~8年一次，只有在它们的家乡斯堪的纳维亚半岛的浆果收成不佳时才来。

皇家鸟类保护协会(RSPB)的一项鸟类观察调查显示，2019年冬天在花园中发现的太平鸟科鸟类大约是往年的19倍。在花园里放坚果和种子，帮助各种植物生长和野生动物觅食，就很容易吸引更多的鸟类进入你的花园。

体会自然时间

我家附近有一个自然保护区——一个很小的社区空间，里面有半天然阔叶林、新的林地植被、混合灌木和低地草甸区域。对我这样的病人来说，这是一个很棒的空间，我可以呼吸一些新鲜空气，和妈妈一起散步。这片社区林地是许多鸟类的家园，包括一些濒临灭绝的物种，如云雀和黄鹂。我们很幸运地看到了黄鹂，在1月的灰色天空下，这只色彩鲜艳的鸟儿格外引人注目，它白色的尾羽在飞行中逐渐消失在云层里。

观察鸟类的许多健康益处都与这样一个事实相关：这项活动鼓励人们到户外呼吸新鲜空气，换个环境。新鲜的空气和温和的运动对健康有很多益处，户外活动对思想、身体和灵魂也都很好。当我在大自然中漫步，享受置身于大自然的美好感觉时，我感到如释重负。

尽管是冬天，这也是一个摄取维生素D的好时机，维生素D有助于抵御季节性情绪紊乱，对于骨密度和骨质疏松症的治疗也很有帮助，任何人都有可能受到这两种疾病的影响，但对厌食症患者来说问题更加严重。

随着天气越来越暖和，我也变得越来越健壮，我们去了更远的地方探险。4月，我们来到肯特郡的沼泽海岸，前往登格尼斯鸟类保护区。开阔的平原上散落着灯芯草和鹅卵石，柳树灌木和荆棘灌木沿着护城河及河岸生长，还有一个鹅卵石陷阱区，这里是观察本地鸟和候鸟的理想之地。走在紫色兰花盛开的小路上，我们看到了黄色胸脯的柳莺和身材纤细的绿色棕柳莺，听到了它们的叫声。

在更远的地方旅行意味着我可以更深入地探索家乡——即便是在自己的家乡，有些事人们也不常做。游览自己的城市会有很多好处随之而来。多看看周围的环境，不断吸收新知识，进一步了解你生活的地方，这真是一件很棒的事情。虽然我现在还没开启赏鸟假期，但我相信很多人在做这件事，而且喜欢这么做。带上双筒望远镜出去看看你能发现什么，这是一件多么特别的事情。

健康效益

鸟类观察者——或者更确切地说，那些研究鸟类的人，即鸟类学家——都是学识渊博的人。认识的鸟越多，你就越会注意到每一个物种的细节，感受和理解它们的行为和声音。每次你出去观察鸟类的时候，大脑就在享受一次锻炼。这有助于预防痴呆，改善认知加工。

2015年，英国自然署发表了一篇题为"外面

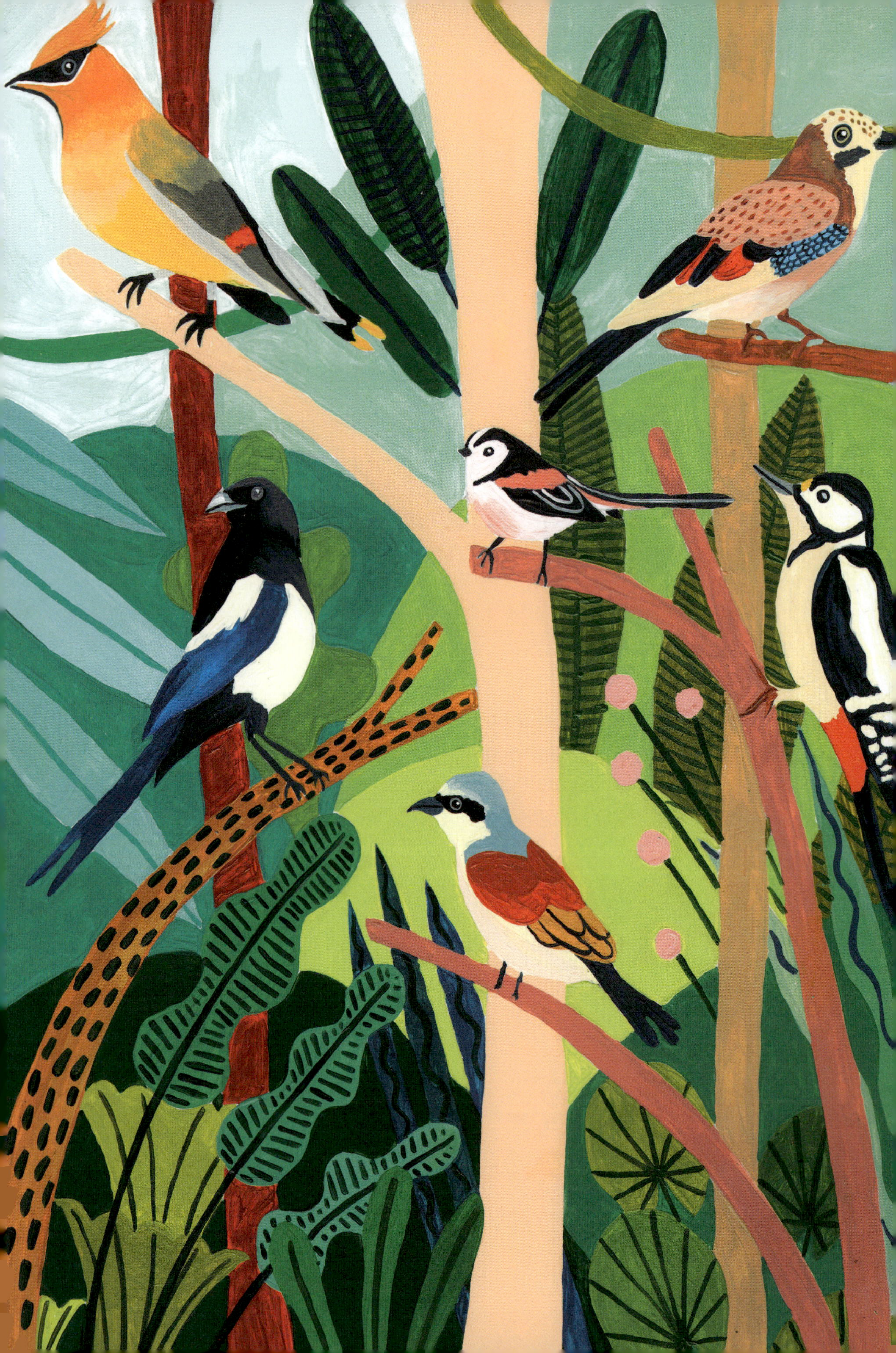

好吗?"的研究报告,报告中详细介绍了痴呆症患者以及家庭护理人员与自然环境的关系的咨询结果。研究发现,有目的的户外活动,以及那些与他人待在一起的活动,为痴呆症患者提供了最大的动力。25% 的人说他们每周几次甚至每天参加野生动物观察活动,尤其是观察鸟类。

我在康复之旅中迎来了夏天,我的精力更加充沛,见到新来的客人让我变得更有活力,也更激动。我在吃新鲜水果、喝酸奶的时候第一次听说灰色羽毛的寒鸦,以及白鹡鸰得名的原因。当大山雀试图赶走喂食器旁其他更小的鸟时,我看到它的翅膀上有白色的 V 形图案。我要出去走走,在当地的公园不仅可以看到雌红松鸡那明亮的小脑袋,还能听到林鸽那熟悉的咕咕声。看到麻雀让我非常兴奋,这是我最熟悉的鸟类。

不只我一个人发现观察鸟类对健康有益处。2017 年,英国埃克塞特大学、英国鸟类学信托基金和澳大利亚昆士兰大学发表在《生物科学》杂志上的一项研究发现,鸟类、树木和灌木丛的数量与人们的心理健康呈正相关关系。他们发现,与那些生活在树木较少、鸟类较少的地区的人相比,在家中能够观察鸟类的人患抑郁症、压力过大和焦虑的风险更低。

当人们在下午观察鸟类时,这种影响更为深刻,因为那时鸟类数量更多。这是一种冥想式的追求,可以降低压力水平并刺激意识。埃克塞特大学的研究员丹尼尔·考克斯是这项研究的负责人,他说:"这项研究开始揭示自然的一些关键部分在我们的心理健康中所扮演的角色。家周围的鸟类,以及通常意义上的大自然,在预防保健方面显示出巨大的潜力,使城市成为更健康、更宜居的地方。"

我仍然很难分辨远处的乌鸫、乌鸦和喜鹊,但我快要成功了。有些食物仍然让患厌食症的我害怕,毕竟改变还需要一个过程。妈妈和我一直很亲密,现在我们又有了共同的兴趣。这是一段漫长的旅程。

wellbeing

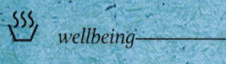

梦想会成真……

作者：

凯特·奥森
Kate Orson

……但是梦想在没有压力的情况下很难实现，追梦的过程使人困惑、焦虑、迟疑，当你实现一个长期目标之后，甚至会感到失望。

你有没有什么长久以来梦寐以求的东西？可能是出版一本书，整修你的房子，或者尽早退休。你想象过实现这些梦想之后更好的生活吗？达成目标会让你有成就感，心情舒畅，生活充实，但在某些情况下，也可能令人不安。即便是积极的改变，也会威胁到你的安全感，让你感觉不踏实。而且，有时候实现梦想并不能带来你想要的幸福和满足。

贝齐是千禧一代，她最近辞了职去环游世界。她说："这是很多人梦想的事情，我也不例外。我花了一年时间为出发做规划——存钱，卖掉不要的东西，把我的房子租出去。整个过程令人兴奋，我也因即将开启的真正的探险而激动不已。接下来发生了一件疯狂的事。当我终于开始期待已久的旅行时，我感觉……很奇怪。"

"新的压力突然出现了，而且我之前从没遇到过——尽可能充分利用我的旅行，去体验那些一提到旅行人们就会想到的难忘的冒险经历，让我的旅行成为别人所期望的样子。我之前完全没有预料到会有这种情绪。"在贝齐的博客"中年千禧一代"中，她描述旅行如何剥夺了她的身份认识，甚至让她怀疑自己到底是谁。

对有些人来说，积极的改变会让他们感到压力，影响身体健康。这样的事情就发生在来自伦敦西南部金斯敦的记者凯特·科尼身上。"我很快订婚、结婚，有了我的第一个孩子，"她回忆道，"这本是三件令人开心的事情，但随之而来的急剧转变，让我经历了心悸。我的朋友发现了症结所在。事实证明，即使是好的改变，你也需要适应。"

我本人也经历过超出预期的积极改变。我在孩童时期就梦想着能够成为一名作家，出版自己的书，想象着自己变得富有而且出名。我看到了与之相反的证据——妈妈带我去读诗会，诗人告诉我在英国只有100个作者单纯靠写作谋生，但我脑海中始终有一个想法：出书将会让我从单调的生活中解脱出来，成为生活中所有困难、挑战和痛苦的解药。

然而，在我那本探讨养育子女的书出版之后，我发现生活几乎还和以前一样。书并没有卖出预期的数量，我也没有得到多少报酬。

反思这些变化

那么，当一些看似积极的变化带来压力，或者和预想的不一样时，我们应当怎么做？

旅行的贝齐开始关注自己真正想从旅行中收获什么，思考自己真正想做的是什么，而不是在意别人如何看待她的探险活动。新手妻子和妈妈凯特发现，承认幸福生活也会带给她压力使她的症状得到了缓解。

发生变化时，不论是积极的或是消极的，人们很容易感到压力，失去自我。你要记住的一件事是接受积极变化带来的压力，无论是搬家、与伴侣同居，还是在工作中获得晋升。

居住在伦敦南部的催眠师莉萨·杰克逊建议人们提前写下改变带来的积极方面。她说："那么，当你在新家被堆积如山的箱子包围，不知道从哪个箱子开始拆封时，或者当你发现理想工作的学习曲线比你想象的要陡峭时，看看这份清单会给你坚持下去的勇气。"

莉萨补充说，这样做可以帮助你在一天中休息片刻。"每小时准点检查自己的状态，评估自己的感受。几个伸展动作就可以让你感觉不那么紧张，或是尝试一下让自己平静的呼吸技巧。用鼻子吸气，数四下，短暂停顿一下，然后用鼻子呼气，数八下。当你呼气时，集中精力释放不必要的精神紧张，对自己不断重复一个咒语，比如'一切都很好'或者'一切在我的掌控中'。久而久之，这些肯定的表述可以让你感觉更有能力应对一切。"

如果积极的改变被证明是令人失望的，或者没有带来你渴望的幸福感，这可能是一个机会，让你重新评估对你来说什么才是最重要的。

以我为例，和一位好友共进晚餐时，我的观点在一夜之间发生了改变。当我告诉他我的书只卖出 80 本时，他提出了一个更积极的见解，指出这就意味着我帮助了 80 个家庭。这促使我转变自己的思维，我开始关注其他正面的事物。

比如，当我收到一位读者的消息，说我的话改善了他的生活，我感受到喜悦；当我在研讨会上把自己的书拿去卖时，我也感受到愉悦。我朋友教会我专注于人与人之间真实的联系，而非名利观念。重要的不是卖出几百万本书，而是与买这本书的读者建立一种更深入的联系。

不论你的目标或梦想是什么，重要的是问问你自己什么才能给你带来幸福。虽然成功能带来满足感，但当你太忙于应付而忽略当下时，你很难有幸福的感觉。尽管你在为崇高的目标不懈奋斗，照顾好自己这个原则仍然适用。问问你自己何时感到开心，并写下答案，这样做或许会有帮助。这项活动可以凸显那些让你的身心感到幸福的时刻。

当你完成目标后，一定要马上为应对可能出现的一些棘手情绪做好准备。巴西企业家、戏剧演员、导演、制片人及教育家黛博拉·巴拉迪尼注意到，她经常在制作完一部作品的兴奋劲退却后抑郁。

"梦想总会成真,如果没有这种可能性,我们就不会做梦了。"

约翰·厄普代克

她说:"在构思、前期筹备和制作阶段,我的创意、激情和实现梦想的能力配合得难以置信地好,我为此兴奋了好几个月。这份工作需要高度的合作,而且时间非常紧张,以至于当制作、排练和演出都结束时,我会有一种非常强烈的空虚感。"

黛博拉已经找到了应对后期制作时情绪低落的方法。她说:"我会在演出正式结束前的几周开始做准备。我要确保自己的时间安排里包括反思,阅读新的发人深省的材料和充足的休息时间。"

"我试着不让那些不重要的新事物刺激自己,因为留出一些时间来消化也很重要。我尊重这种渴望的感觉,就像我期待新项目的兴奋一样。作为一名拥有哈他瑜伽背景的创意人士,我觉得保持清醒和平衡的练习能保证这种渴望的感觉不会占据我一整天的时间。"

肾上腺素冲击
如果积极改变产生的消极情绪和压力困扰着你,这可能是因为结果超出了你的舒适区。海伦·坎贝尔是一名职业教练,与有创意的自由职业者和小企业家一起工作。她说,当这种情况发生时,人们可能会出现"战斗还是逃跑"的反应,导致肾上腺素激增,产生焦虑。

海伦补充说,改变也能迫使你审视你对自己的看法。"例如,或许有人觉得自己不够自信。如果这个人后来入围一个奖项,或是受邀参加一场活动,他就会开始担心到时候是否要发表演讲或者穿什么,而不是享受被提名带来的认可。"

海伦建议找一个职业教练帮助你走出自己的舒适区,欣然接受大的改变。这样做可以帮助你发现表面之下正在发生的事情,探索什么可能成为你前进路上的障碍物。

任何改变都会带来预想不到的感觉和结果,有些可能很受欢迎,有些则不会。如果你正在追求一些你没有的东西,这种时候牢记几个世纪以来圣贤和精神导师教给你的东西:真正的幸福与物质财富或外在的成就无关。它来自你的内心。

重聚总是充满了尴尬与紧张，
我们需要介绍自己的近况，
试图通过记忆寻找往日残留的情分。

_安妮塔·施里夫

插画：LYLEAN LEE

生活

LIVING

living

同学聚会，我要不要去？

人们渴望和分开多年的同学或曾经的同事叙旧，
其背后的真正原因是什么？
如果大家非要评价每个人取得的成就，你是否有
办法保护自己？

作者：
贝弗利·德席尔瓦
Beverley D'Sliva

我一直在思考重聚的事。我们为什么要重聚？重聚只是简单地和旧相识追忆往昔，甜蜜而无害吗？还是说"时光倒流"很危险，因为我们失去联系的真正原因是，我们选择这样做。

有一件事是确定的——重聚，像婚礼和葬礼一样，一不小心就会成为一出戏剧或喜剧。难怪这成了极好的故事素材，看看《大寒》、《彼得的朋友》和《佩姬苏要出嫁》这样的电影就知道了。在《佩姬苏要出嫁》里，女主人公参加25周年的中学同学会，非常后悔嫁给了十几岁时的心上人，她穿越时空，回到过去，得到重塑生活的机会。

如果她能改变一切呢？重聚肯定会带来一个异想天开的"如果……会怎样"，以及其他感受。琳达·布莱尔是临床心理学家，《每日电讯报》的专栏作家。她认为重聚可以起到一种自我肯定的作用，她说："我们都想更好地了解自己的生活和我们过去认识的人。随着年龄的增长，时间似乎过得越来越

快。重聚是帮助我们了解过去这段时间的一种方式，也有助于了解我们自己。"

因为和以前的同事聚会，还有即将到来的同学聚会，重聚的事一直萦绕在我的心头。工作上的重聚是和《生活》杂志的朋友。数十年来，我们每一到两年会定期见面。每次见面都是愉快的、值得庆贺的、欢喜的，提醒着我们曾经多么快乐。人们通常不会突然发生改变，掉牙或者一夜之间白头。

不过，同学聚会是一个例外。每年3月初，记忆中的"疯狂3月"，我的母校都会邀请以前的学生再次回到教学楼。去年的宣传单恳求我们"重新联系老朋友，结交新朋友"，用欢快的《新乌龙女校》的口吻写道："一日是阿德扬人，终生是阿德扬人！"青少年早期那会儿反建制的我会对这个想法嗤之以鼻。但到了六年级，老师把我当作成年人一样对待，这改变了我的想法，使我对学校和为数不多的导师产生了一种马洛里·托尔式的喜爱。

带着这种情感，我在毕业后经常回母校。之前总觉得老师和同学们看起来和以前差不多，直到离开学校整整十年，我开始注意到他们身体上的变化，老师们头发变白了，同学们曾经水灵的皮肤现在也有了皱纹。

还有一些一直默默无闻的人,现在也多了一分乖戾。为什么过了这么久我还要回去?我想那段时间我的生活变化得很快,我潜意识里觉得回去可能在某种程度上令人安心,就像琳达建议的那样。如果我内心容易受伤或生活毫无起色,我或许会对重聚可能带来的风险保持警惕。大家会根据你所取得的成就来评价你吗?他们会拿现在的你和过去的你对比吗?他们会认为你一事无成吗?

害怕被评价是很常见的。电影粉丝网站ReelRundown的一项民意调查显示,当人们被问及他们最快乐的团聚时刻时,只有很小一部分人喜欢讨论工作(职业攀比占3%)或暴露不安全感(6%的人喜欢分享生活憾事)。大家最不喜欢的就是交新朋友(1%),这是可以理解的,因为重聚就是要见老朋友(占比最高,28%),即使他们不是最要好的朋友。如果是最好的朋友,那你本该一直和他们见面,对吧?

"发现有人喜欢你"(24%,排名第二)发生在梅尔和曾经的同事汤姆重聚时,两人通过共同好友取得联系。

"我们已经很多年没联系了,我犹豫着要不要见他,但是好奇心战胜了我,"她说,"他以前是办公室的万人迷。我那时还暗恋过他,但是因为害羞没有告诉他。我现在已经结婚了,所以我觉得见一下也没什么损失。"他们约在一个酒吧见面,她勉强认出了汤姆。"他以前有一头长长的黑发,现在已经变成银色的发茬,也变胖了很多。"虽然一开始很震惊,但是回忆办公室往事和同事们让她颇感愉快。有些人已经不在世了,他们两个人都为能活着而感到高兴。

"我正准备走的时候,他脱口而出,说他的婚姻已经破裂,还说他当时很喜欢我,但害怕我会拒绝他,"梅尔继续说,"他说:'要是……'"她不由自主地感到受宠若惊。"我说我也曾对他有好感,而且他一点儿也没变,后半句不全对。但他仍然是一个很好的人。"他们后来见过吗?"到目前为止,还没有。我们不见面也很好,该释然了。这让我更加珍惜我的幸福婚姻。"

琳达说,你参加聚会时的态度决定一切。"如果你过于在意自己的外表,或者害怕别人看起来更老,那么事后你会感觉很糟糕。如果你有这样的顾虑,可以从中吸取教训——以后你应该尽量避免参加聚会,或者选择参加,但要用不同的心态面对。"

"如果你真的对别人感兴趣，想要玩得开心，你就会玩得很开心。我敢打赌他们事后会说：'她太迷人了。'"因为当人们觉得你对他们感兴趣时，他们就会爱你。她说，大多数人都可以学着顺其自然一点。"作为人，我们想要掌控一切，但是太过用力反而不好。最好保持好奇心，或者用正念老师乔恩·卡巴特-津恩的话来说，甚至要保持'温和的好奇心'。"

我想我在上一次同学聚会时运用了"温和的好奇心"，但是对我来说最失望的就是那次聚会我最想见的人没有来。也许他们不知道有同学聚会，或者认为参加同学聚会一点也不酷。

我一直想见的一个人是我儿时的好友雪莉。我们5岁时在幼儿园相识，她一直是我最好的朋友，陪我走过人生初期的欢乐和痛苦：面对家庭作业的挣扎、街头游戏，共同经历青少年时期的很多个第一次——月经、男朋友、周六的兼职工作。在读到"你可以在这里骑马"之后，我们申请了同一所学校（但我们从没有骑过马）。她教我在她的卧室里跳摇摆舞，我记得她放开我的手，而我瘫倒在她的衣柜底。我们为此笑了好几天。

在我17岁时，她从我的生活中消失了——我不知道是因为糟糕的男朋友惹她心烦，还是她想远离自己的童年。她就是离开了。从那以后，我一直渴望见到她。我尝试过使用 Friends United（英国一个免费的联系校友同学的社交网站）。还记得吗？在15年的时间里，它推动了失散已久的老友的重聚，直到脸书、照片墙和推特敲响了它的丧钟。社交媒体并没有帮我找到她。

他们说，生活还是会继续，"一个人不要两次踏入同一条河流"。但是，如果雪莉读到这篇文章后很感动，想和我取得联系，那就太棒了。现在，我认为我已经为下一次学校聚会做好准备了。

插画：SILVIA STECHER

living

去还是不去……

在参加一个聚会之前，先考虑以下几个问题：

- 你对即将赴约的人真的感兴趣吗？

- 从你上次见到他们以来，他们或许会发生一些变化，你准备好接受这些变化了吗？"你无法掌控别人如何变化。"临床心理学家琳达·布莱尔说。

- 你准备好提问了吗？据说这是受欢迎和找乐子的秘诀。

如果在以上问题中，你有两个是肯定的答案（至少考虑为了另一个问题努力），这说明你已经为一次重聚做好了充分的准备！

living

神奇的第五种味道

对于很多顶级厨师来说，鲜味——第五种味道——已经成为美味的代名词。但是鲜味也能呈现一种天然的维持健康饮食的方式吗？

作者：
贝弗利·德席尔瓦
Beverley D'Silva

甜、咸、苦、酸、鲜。没错，鲜。因为人们一度以为只有四种基本味道，所以第五种味道——鲜味或咸鲜味——一直在潜伏着，直到20世纪早期才被发现。但是直到最近10年，鲜味才逐渐得到更广泛的认可，大厨们钟爱它，市场上食品公司也在销售提鲜的酱。

1908年，日本化学家池田菊苗首先发现存在不同于四种传统味道的另一种味道。他将这种味道命名为鲜味，这个名字来源于日语中的"umai"（美味的）和"mi"（味道）——美味的味道。由于咸鲜味很微妙而且通过融合使味道更浓郁和丰满，很多人可能都没有意识到它。但如果没有加鲜味，人们立马能感觉到，因为它在让食物变得美味方面扮演了重要角色。

鲜味提供了丰富、美味又格外令人满意的味觉体验。试想一盘意大利面上撒着磨碎的帕尔马奶酪，奶酪增加了鲜味。熟透的牛肉（如牛肉干或日本和牛肉）也充满了鲜味。事实上，日本的鸟山神户牛肉农场已经为一台测量牛肉鲜味含量的机器申请了专利。炸薯条，尤其是蘸着番茄酱吃，也满满都是鲜味，这也解释了为什么番茄可以代替肉类，因为它们可以满足我们对蛋白质的需求。奶酪、牛排、牡蛎、蘑菇和红酒都是富含鲜味的食物。干的、咸的和发酵的食物也可以增加鲜味——想想味噌、酱油还有香菇。

虽然这些是日本料理中常见的食物，但鲜味存在于世界各地的食物中，都有可以追溯的历史。在古罗马，三大贸易商品除了葡萄酒和橄榄油外，还有鱼酱油（garum），一种通过发酵小咸鱼制成的鱼露。正如菊苗发现的那样，鲜味背后的科学原理是，它存在于含有氨基酸、谷氨酸的食物中。现在，你可能会想："谷氨酸。这是在一些餐馆菜单和加工食品中常见的令人讨厌的味精吗？"的确，谷氨酸钠是最常见的氨基酸。但是，尽管有人报告了食用味精的不良反应，但没有证据表明适度食用味精是有害的。

研究人员姜丽娜在斯坦福大学神经科学研究所的网站上写道："事实上，味精和鲜味带给了我们同样的味觉体验。味精有负面的意思，鲜味则大多是正面的，但它们使用同一种分子——一种叫作谷氨酸的氨基酸——来激活我们的味觉神经。"日本厨师兼作家五味有纪（Yuki Gomi）说鲜味有自己独特的味道，但鲜味的关键是发酵和干燥的食物。"鲜味对于日本人来说极其重要，"她分享道，"我甚至可以说日本料理就是鲜味。我们在烹饪中会用到酱油、味噌、米醋、清酒、味啉，所以鲜味是日本料理的基础味道。"

有纪教授日本烹饪，我拜访了她位于伦敦莱斯食品与葡萄酒学院的工作室。在这里，我学会了如何用水、昆布、干鲣鱼片或金枪鱼片制作鱼高汤。这种鲜味浓郁的高汤是许多日本料理的主料。有纪还告诉了我们鲜味的妙处。

"没有鲜味，任何食物都不会美味，"她后来告诉我，"日本人天生就知道饭菜里是否有鲜味。我妈妈在做饭时会品尝一下然后说：'我觉得还需要再加点鲜味。'所以，我们会加入昆布或味噌来增加鲜味。"再强调一下，发酵和干燥的食物是世界各地鲜味的关键：在东南亚，人们主要用鱼露提鲜；印度厨师用干香料提鲜；摩洛哥炖菜的特色是干果；在韩国，用来提鲜的泡菜也是一种发酵的蔬菜。

有纪说："如果做一道非常英式的菜，比如韭菜土豆汤，我会放些马麦脱酸酵母提鲜。"她指出，这不仅仅是味道的问题。"鲜味能在体内产生蛋白质——它能满足你的大脑，让你感到快乐。"

她声称这是日本人保持苗条身材的秘诀之一。"日本料理健康的关键就在于鲜味满足了你的味蕾，你不需要吃成堆的食物。如果只吃一个三明治，我就不会感到满足——我的味蕾在说：'多给我一点，我想要美味可口的食物。'这就是为什么鲜味有助于保持苗

生活

条。如果你有一锅用鲣鱼片或香菇做成的日式高汤，这会非常令人满足，而且几乎不含卡路里。昆布也是一样，其中富含矿物质。味噌对你的身体非常有好处，因为它富含益生菌。"

有纪特别喜欢纳豆，这是一种用细菌发酵的大豆，是维生素 K_2 最丰富的食物来源之一，据说维生素 K_2 有助于预防骨质疏松症和动脉钙化。最近有一项研究显示，随着时间的推移，绝经后食用纳豆最多的日本妇女骨质流失量更少。"即使只吃一小碗米饭配纳豆，我也感觉很满足，而且还没有太多卡路里。"有纪说。在《鲜味：第五种味道》这本书中，包括松久信幸、赫斯顿·布卢门撒尔和迈克尔·安东尼在内的米其林星级厨师，解释了第五种神奇的味道如何影响了他们的烹饪。他们和其他主厨都意识到鲜味能使食物更美味，让世界更健康。

迪拜 Nobu 餐厅的主厨哈维·库尔托使用鲜味来减少菜肴中的盐分，在他意识到第五种味道之前，他从没想过以这种方式平衡各种味道。他以他的老板、世界著名厨师松久信幸为榜样，松久信幸举办晚宴来说明鲜味的重要性。哈维说鲜味可能最早在日本被发现，但是在世界各地的饮食中，很多对鲜味一无所知的人们已经使用了几个世纪，比如由甜菜和牛肉制成的俄式牛肉汤，英国的马麦酱和蔬菜汤，还有中国由金华火腿熬制而成的上汤。哈维说："现在 Nobu 餐厅所有的新配方都基于鲜味。"

获得米其林七星的主厨村田吉弘认为，鲜味可以帮助发达国家解决国民的肥胖问题。"世界上许多菜系都以使用油脂为基础，只有日本料理把鲜味成分作为基础，"他说，"例如，日本怀石料理(kaiseki，一种传统的多道菜正餐)的复杂口味可能包含 63 种成分，热量总计 1 000 卡路里；而一顿法国大餐可能通常只有 23 种成分，热量却达 2 500 卡路里。"现在，这确实是一个值得思考的问题。

≪ *living*

在家呈现日式味道

跟随美食写手兼作家珍妮弗·乔伊斯学习美味易学的食谱，将味道丰富的日本料理带到你的家中。

素食拉面，玉米笋和腌香菇

供 4 人享用
准备时间：15 分钟
烹饪时间：15 分钟

肉汤对拉面来说极为重要——它是整碗拉面的灵魂，如果汤底不对，拉面就不会好吃。尽管我钟爱鸡汤，但吃素的也不错。素拉面往往缺乏吸引力，但加入一些脱水香菇、烤蔬菜和海带，鲜味指数就会迅速上升。另一个重要的元素是调味品，由辣椒、味噌和柑橘制成。

准备材料

- 1.2 升素食蘑菇汤（见下页）
- 2 汤匙米醋
- 150 克嫩茎西蓝花
- 2 颗鸡蛋
- 100 克焯过的玉米笋
- 250 克干拉面或 400 克鲜拉面
- 2 根大胡萝卜，切丝
- 75 克竹笋
- 4 颗小葱，切碎

味噌辣椒调味料

- 60 毫升味啉
- 45 毫升清酒
- 100 克味噌
- 1 汤匙柚子汁或青柠汁
- 2 瓣大蒜，磨碎
- 2 茶匙是拉差辣椒酱或其他辣椒酱
- 1 茶匙姜末
- 七味粉、海苔、1 勺柚子辣椒酱或柚子汁或青柠汁（可选）

1_ 准备素高汤，取出香菇，去除香菇根，切成片，放在一个小碗里，加入米醋和少许盐。

2_ 在一个小碗里混合所有味噌辣椒调味料，备用。

3_ 将西蓝花切成 5~7.5 厘米的小块。

4_ 烧开一锅水，加入鸡蛋。在沸水中煮 6 分钟，取出放入冰水中。剥去蛋壳备用。用同一锅沸水将玉米笋和西蓝花焯一分钟。沥干水分，再用冷水冲洗。

5_ 加热高汤至沸腾。加入味噌辣椒调味料。

6_ 面条大约煮 3 分钟至软硬适中，不停搅拌防止面条粘在一起。把水沥干，分至 4 个碗中。

7_ 把高汤分别倒入每个碗里。

8_ 加入西蓝花、玉米笋、胡萝卜、竹笋、半个鸡蛋和蘑菇。

9_ 加上你喜欢的浇头，如辣椒、海苔、柚子辣椒酱、柚子汁或青柠汁。

(注意)

细的碱性小麦拉面是最重要的食材——可以在亚洲商店或网上买到。添加的碱赋予面条独特的嚼劲。尽量别用事先煮熟的拉面或干的方形面饼，这两种材料的质量都很差，煮出来的面条口感太软。

素食蘑菇汤

1.2 升汤
准备时间:10 分钟
烹饪时间:2 小时

提前烤熟蔬菜,加入干蘑菇,这款蔬菜汤味道会更加浓郁。

准备材料

- 1 根韭菜,切段
- 2 根大胡萝卜,切块
- 4 厘米长生姜,切片
- 2 颗洋葱,一分为四
- 20 克干香菇或牛肝菌
- 1 头大蒜,分瓣
- 1 把小葱,切碎
- 2 片昆布
- 25 克鲣鱼薄片
- 60 毫升酱油
- 60 毫升味啉

1_ 将烤箱预热至 200 摄氏度(400 华氏度),如果是带热风的烤箱,则预热至 180 摄氏度(350 华氏度)。把韭菜、胡萝卜、姜和洋葱放入一个大的烤盘里。调味,烤 30 分钟。烤熟后,把烤盘里的所有东西倒进一个大汤锅里。

2_ 加入干香菇或牛肝菌、大蒜、小葱和昆布。倒入 2 升水。水烧开后转小火。

3_ 盖上盖子,只留一个小缝隙。文火炖 1 小时 30 分钟,最后 5 分钟加入鲣鱼薄片,然后将汤滤入一个干净的小锅中。

4_ 倒入酱油和味啉,尝一下,看汤里是否需要加盐或酱油。

日式手卷寿司

制作 8 个手卷寿司
准备时间：15 分钟

日式手卷寿司是一种用海苔包裹成冰激凌状的寿司，里面有螃蟹、大虾、鸡肉或任何你喜欢的美味。我喜欢在寿司卷旁边配一些辣味蛋黄酱和蔬菜来丰富色彩和风味。如果你也喜欢做这些，我强烈建议你购买一个小电饭煲，它会将饭煮得很美味。电饭煲是我每天都会使用的电器，从来不会在橱柜里积灰。

准备材料

- 250 克日本大米
- 4 片海苔
- 200 克金枪鱼片
- 3 茶匙辣椒或日式相松香料混合物
- 2 汤匙米醋
- 2 茶匙砂糖
- 8 大片腌姜
- 少量香葱
- 1 根胡萝卜或黄瓜，切成丝
- 一个牛油果，切成 8 片
- 芝麻，用作装饰物（可选）

辣味蛋黄酱

- 2 汤匙丘比蛋黄酱或普通蛋黄酱
- 1 茶匙柚子汁或青柠汁
- 1 汤匙辣椒酱

1_ 按照电饭煲说明书煮米饭。用剪刀把海苔纵向剪成两半，这样就有了 8 个长方形海苔。

2_ 将金枪鱼片切成 16 片（每片 1 厘米 ×8 厘米）。撒上辣椒，这样每片鱼片都能粘上。在一个小碗里倒米醋、砂糖和一小撮盐，混合。当糖溶解后，倒在热米饭上，轻轻地搅拌，直到吸收且米饭冷却下来。

3_ 做蛋黄酱时，在一个小碗里加入蛋黄酱、柚子汁或青柠汁和辣椒酱。把剩下的材料都摆好，这样你就可以开始卷海苔卷了。

4_ 把满满一大匙米饭放在一片长方形海苔的下方 1/3 处。把米饭堆到海苔的一角，这样你就可以拿起海苔的另一边。在米饭上涂抹几茶匙辣味蛋黄酱，然后把腌姜片、几根香葱、两片鱼、胡萝卜丝和牛油果片放在米饭上面。

5_ 撒上芝麻（可选）。

6_ 把圆锥体卷起来，从右边开始，这样它就会稍微倾斜出一个角度。将右下角打湿以便封口。做好后，放在木板或盘子上就可以享用了。

(注意)

购买没有大理石花纹的金枪鱼片，也可以用三文鱼片。

玉子烧配甜芥末酱

供 4 人享用
准备时间：5 分钟
烹饪时间：10 分钟

几年前，在东京筑地市场外面，我发现了玉子烧——由甜鸡蛋一层一层卷起来做成的煎蛋卷，这是一种小吃，也可以当作寿司或便当盒的一部分。我被街上一个摆着 8 口锅的小摊迷住了，于是就想自己在家里试试。他们端上来的是一种散发着辣味的芥末酱，但我用一点味噌调出了更柔和的口感。

准备材料

- 4 个鸡蛋，打散
- 1 汤匙味啉
- 2 茶匙砂糖
- 半茶匙日本生抽
- 1 茶匙植物油
- 1 汤匙切碎的香葱，撒在上面

甜芥末酱

- 1 汤匙黄芥末
- 2 汤匙味啉
- 1 茶匙白味噌
- 1 汤匙米醋
- 2 茶匙蜂蜜

1_ 在一个小碗里将甜芥末酱配料混合备用。

2_ 在一个中等大小的碗里，加入除了植物油和香葱之外的所有配料，还有一小撮盐，搅拌至顺滑。

3_ 将混合好的蛋液倒进两个小碗里，这样你就可以做两个煎蛋卷了。

4_ 加热一个中等大小的平底煎锅，使用长方形的日式煎锅会更好。在锅底刷油，开火，保持小火至中火，从其中一个碗里倒入薄薄的一层混合蛋液。

5_ 30 秒后用两把抹刀，把鸡蛋卷起来，此时鸡蛋还有些黏稠。把它推到锅底，再倒入一层薄薄的蛋液。趁着蛋液还没完全熟，把煎蛋卷起来盖在新鸡蛋上。重复这个过程，直到你用完所有的蛋液，然后倒在一个盘子上。做第二份煎蛋卷时重复以上步骤。

6_ 煎蛋卷冷却一分钟，然后切成 2.5 厘米宽的小块。撒上葱末和甜芥末酱。

(注意)

普通的不粘锅就很好用，不过你也可以在一些街边商店以相当便宜的价格买到这种长方形日式煎锅。

以上内容节选自珍妮弗·乔伊斯《我的亚洲厨房》（*My Asian Kitchen*），默多克出版社。
——编者注

living

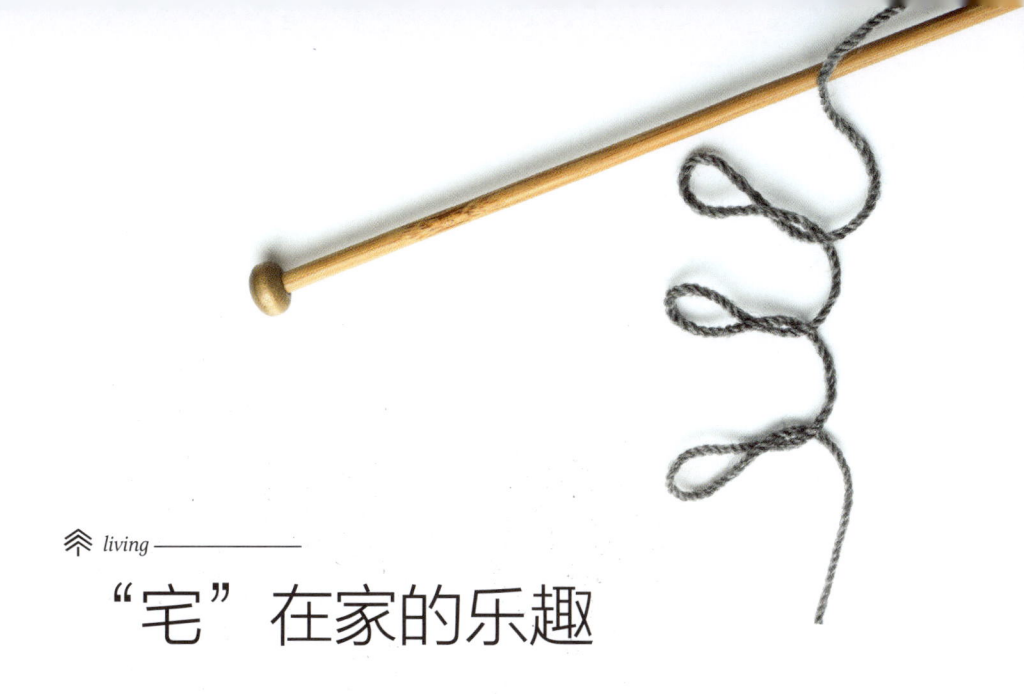

"宅"在家的乐趣

尝试一门新手艺是消除"FOMO"（错失恐惧症）的最好方法。

作者：
克里斯汀·伯吉斯
Christine Boggis

你可曾做过一些并非真正愿意做的事，因为你担心如果不做，就会错过什么？或者，你是否曾经在某个地方做了某些很棒的事情，却仍然想着其他地方会不会有更棒的事情正在进行？

青少年时期和刚成年的时候，我曾被"FOMO"困扰，而现在我有时仍会有这种感觉。我清楚地记得，我勉为其难地参加那些并不感兴趣的派对，只是担心会发生什么我不知道的事，然后被冷落。如今有了社交媒体，你不必离开舒适的家，就能看到别人玩得比你更开心，吃的食物更上镜，或者看上去比你更健康、更和善，或者只是过得比你好。

编织真的帮我欣然接受了JOMO——错过的快乐。众所周知，编织可以缓解压力和焦虑。研究报告显示，编织有助于缓解抑郁，降低血压，不仅像瑜伽一样使人放松，还比躺在沙发上消耗更多卡路里。

家里的节奏

我在孩童时期就学会了编织,在乏味无聊的青少年时期,我的编织技能更上一层楼。但是当我搬到国外担任一家国际通讯社的记者,远离家人和朋友,工作压力巨大时我才对编织真正产生了兴趣。努力想让自己安稳地度过身处异乡的夜晚,于是我重拾编织,好让自己手上有事情做。

我发现,拿起毛线和针开始干活时,我就能静静地坐着,感觉很放松。舒缓的节奏让我平复了纷繁的思绪,同时,我也感觉离英国的亲朋好友更近了,因为我在亲手给他们准备礼物。编织的美妙之处就在于柔软的纱线穿过手指时的感觉。一些手工艺者在发现自己不能编织的日子里,即便只是花些时间拿起毛线摸一摸,也可以放松心情,减轻痛苦。

我意识到,当我坐在家里拿着线和针,我就什么也不会错过——我做的事情非常惊艳,远比脸书上那些跳进游泳池、快速穿过玉米地或拍摄自己在高档餐厅吃晚餐的人的经历更有意思。

编织的魅力在于,你不仅仅在创造一件衣服,而是同时创造了一件衣服和一件艺术品。这意味着,你对自己的手工艺品有绝对的控制权:颜色、质地、形状、尺寸和用途都由你选择。感觉自己富有创造力是增强自尊的好方法,如果你正在创造什么,就不会错过生活中的精彩。

living

不敢轻易开始？

我经常碰到这样的人，他们很想学编织，却总感觉自己做不到，又或者曾经尝试过编织，但是感觉自己并不擅长。没有人一开始就擅长编织——好吧，总会有一些烦人的人，他们很快就能上手，但这样的人毕竟只是少数。

编织由两个模块构成：正针和反针（二者就像照镜子）。一旦学会了这两种基本的针法，你就能掌握所有编织技法——只要多加练习。

想学习基本的编织方法，你可以找当地的毛线商店，也可以在视频网站上学，或者参加编织兴趣小组，跟朋友或亲戚学习，或者自己看书学。这些方式没有什么好坏之分。一旦掌握基本技法，你就可以从一些比较简单的编织开始，比如一顶帽子、一件斗篷或是一双不分指的手套。

织围巾看起来非常简单，多数人都从围巾开始做，但是由于围巾的长度，很多人还没来得及向别人炫耀就灰心不已。

你的第一件织物可能进展缓慢，过程中充满了挑战，也可能完成得又快又轻松。不论你属于哪一种情况，第一件作品肯定是你所织过的最吓人的东西。但你只要戴上那顶帽子或披上那件斗篷，就会感到备受鼓舞，想尝试织出更多的东西。

living

积极的"瘾君子"

当一件事开始成为你的优先选项,并影响到你的生活方式时,它可能会产生严重的后果——但上瘾可以往好的方向引导。

作者:
莎拉·罗德里格斯
Sarah Rodrigues

在这个鼓励一切要适度的世界里,过度——尤其是与上瘾有关的过度——是让大多数人有负罪感的事。的确,上瘾很难被看成是积极的,而且"易成瘾人格"也有一种贬义的感觉。在一些人看来,上瘾就是缺乏控制,而在另一些人看来,一提到上瘾,他们的脑海中就会浮现出那些生活被放纵的冲动毁掉的痛苦的画面。

但是所有的上瘾都能一概而论吗?有些人会说,相比于对运动、工作或社交媒体上瘾,毒品、赌博或酒精上瘾更危险,对自己和周围的人伤害更大。

同时,像"使人上瘾的"和"上瘾"这样的词已经被淡化了。"我对咖啡上瘾了。"一个同事可能朝着你边打呵欠说着,边伸手拿今天的第二杯大杯拿铁咖啡。"我根本停不下来,简直太让人上瘾了!"其他人可能会这样惊呼他们最喜欢的热播电视剧太好看了。但事实上,真正的上瘾和这些都不一样。

12.30
MEETING

"生活就像骑自行车,要想保持平衡,你就得不断向前。"

阿尔伯特·爱因斯坦

恐惧和焦虑

根据一些专家的说法,上瘾和活动本身关系不大,而是与行为有关。也就是说,当你从事某项活动的动机不是对它的热情,而是某种更邪恶的动机时才算是上瘾。关键的区别在于,这种行为是否会提高你的生活质量——让人上瘾的行为无法给人带来真正的快乐,而不做这件事又会让人产生焦虑。

临床心理学家海伦·南丁格尔博士说过,我们都在某种范围内运作。她解释道:"一头是过度行为,另一头是做得还远远不够。理想状态是,我们在大多数情况下都介于两者之间。"

她说,问题在于当这些行为——不论是表面上积极的行为(比如工作上注重细节),还是没那么好的行为(比如网上购物)——干扰到其他活动时,生活不得不围绕这些行为展开,而不是让这些行为适应你的生活。例如,一个沉迷于电子游戏的人会经常拒绝社交活动邀请,也有人因为让上瘾的活动或事项优先于一切,而错过了悬而未决的家庭财产协议或重要工作的截止日期。恐惧和焦虑常常是上瘾行为的驱动因素。上瘾者认为"如果我不这样做,我就会不开心",而不是"如果我这样做,我会感觉很好"。

很多情况下,过度的行为和令人痴迷的行为之间存在一条分界线。但近年来,越来越多的人认识到,来自各行各业的许多成功人士曾对不同的行为或事上瘾,其中包括苹果联合创始人史蒂夫·乔布斯和作家奥尔德斯·赫胥黎。

全心投入

心理学家哈丽特·加罗德解释说:"人们常常将上瘾与激情混淆。如果做某件事让你的大脑中释放一种使你感觉良好的化学物质,促使你一遍又一遍地去做这件事,那么你对这件事的激情可能会让你上瘾。其中一个例子就是为了慈善跑马拉松,或者从事对他人有益的工作。宗教也会让人上瘾,特别是帮助社区里的弱势群体。当我们做了好事,感觉很好,积极的情绪又回来了。这就是我所说的积极上瘾。"

心理治疗师德克·斯蒂克对上瘾的积极方面特别感兴趣,也是成瘾项目"才智过人者2.0"的创始人,他认为成瘾倾向不一定是消极的——这取决于你如何引导它。"成为一个'上瘾者'是一项全职工作,需要极大的决心和毅力,"他解释道,"其中也包括驱动力、动机和专注力。成瘾者会完全致力于实现一个终极目标,在这个过程中,他表现得足智多谋,富有创造性思维,任何事情都无法妨碍他实现目标。"

是不是听起来很累,很自私?然而,如果你把这些品质放在一个商人身上,那将非常不同。"当一个上瘾者得到了他想要的,人们认为他善于操纵别人。而当一个商人或销售人员完成一笔交易时,会被看作成功的、聪明的、有说服力的,"德克指出,"这些人都设定并实现了目标,唯一不同的就是目标。"

因此,环境改变了我们的看法。一方面,我们看到没有自控能力的人,另一方面,这些人有令人钦佩的决心和毅力。

不同的目标

很多治疗方案的重点是试图改变上瘾者的行为,让他们意识到自己的思维方式具有破坏性。考虑到成瘾者可能一直与内心深处的恐惧、焦虑、内疚和自我厌恶做斗争,那么专注于消极的一面是否会成为进一步陷入破坏性模式的捷径呢?这是德克回避的事情,他更喜欢强调上瘾行为的积极方面。

"成为瘾君子需要具备的品质,和那些能让瘾君子改邪归正的品质是一样的。"他发现,"所以,在我的治疗方案里,我的答案是欣然接受让你上瘾的事情,引导它成为一个不一样的目标。"

这个目标可能是职业上的,海伦认同拥有易成瘾人格的人对雇主来说非常有吸引力。"由于上瘾行为是以强迫性倾向为基础的,所以你不需要说'我应该'、'我想要'甚至'我会',而是'我必须,我不得不'。这种驱动力可以是非常积极的——某个有上瘾倾向的人会不遗余力地工作,不会半途而废。这种上瘾行为在工作场所和其他地方都有极大的价值。"

创伤治疗者

上瘾可以被引导到一个积极的方向，但是用另一种上瘾行为替代的治疗方法也存在很多隐患。有些人因为吸毒和酗酒差点家破人亡，充满悔恨之情。但是，接受卫生健康的生活方式可能会让他们因为把治疗练习放在家庭生活之前，回避社交，而疏远了与家人的关系。

哈丽特解释说："在成功的康复过程中，曾经的上瘾者经常会用一些积极的事情来代替他们曾经上瘾的事情，让自己感觉更好，比如帮助别人。从本质上讲，这正是'创伤治疗者'现象的症结所在，那些曾经的瘾君子有时会强迫自己帮助他人，因为这是康复和治疗的一部分。"

曾经的瘾君子、红辣椒乐队主唱安东尼·基迪斯，在2005年出版的自传《伤疤组织》中谈到了这一点，详细描述了他为帮助其他吸毒者所做的努力，以及他一直以来"不断地为他人服务"。易成瘾人格的另一面是这些人往往非常有魅力，这也在一定程度上解释了为什么他们经常能取得成功，或者特别适合帮助他人。海伦说："同样，因为没意识到在追求上瘾的事情时避开了社交礼节，他们摆脱了和其他人一样的害羞或矜持。他们很热情，缺乏自我意识，这不仅让人耳目一新，而且非常有吸引力。"

转换焦点

有易成瘾人格的人不仅有希望成为天生的领导者，用热情和活力吸引其他人，而且他们经常迎难而上，总能获得想要的结果。管理上瘾是一个长期且持续的过程，其中包括辨认和管理上瘾的诱因，但由于上瘾的根源在于大脑中的奖励机制如何运作，对于有易成瘾人格的人来说，这个过程会帮助他们认识到自己拥有许多与众不同的特质。

将更多的注意力放在自己的优点上，而不是感到羞耻，这有助于上瘾者更加自信地将自己的行为转化成不同的终极目标，无论这些目标是出于商业目的还是善意。无论是哪种方式，有成瘾倾向的人还有很多事情可以做。

living

消失的世界

作者：
齐妮娅·塔里欧提斯
Xenia Taliotis

随着珊瑚礁的生物多样性日益受到气候变化、海洋污染和海岸开发的威胁，《呼吸》杂志和一些渴望扭转这一趋势的自然资源保护主义者进行了对话。

萨曼莎·雷诺兹有一份人人羡慕的工作——作为一名海洋生物学家，她在新开的娇丽豪华度假村工作，该度假村位于马尔代夫北部拉环礁的穆拉万多湖岛上。她每天带领客人潜入印度洋的深海中，海里的小丑鱼、拿破仑隆头鱼、鳐鱼、海龟和无数其他物种上演着大多数人只能在电视上看到的表演。

这是一次令萨曼莎着迷的经历。她说："海洋总是美到窒息。你把脸伸进水里的那一刻，就进入了一个完全不同的世界。你被如此多的色彩和活动包围着，你看得越多，就越能看到更多的东西。我没有一天不想戴着呼吸管潜泳或潜水，而且我总能在潜水后学习和了解到新事物。"

向客人介绍娇丽岛周围的海洋生物和如何保护它们，是她工作的一个方面，但她来马尔代夫的主要任务是为拯救这里的珊瑚礁出力。就像世界上其他地方的珊瑚礁（其中包括最著名的澳大利亚大堡礁）一样，这里的珊瑚礁也在经历气候变化带来的负面影响。发表在科学期刊《自然》上的一项关于2016年9个月热浪的研究称，这次热浪导致大堡礁上30%的珊瑚遭遇"灾难性的大规模死亡"。特里·休斯教授是昆士兰州澳大利亚研究委员会珊瑚礁卓越研究中心的负责人，他主持这项研究，说这次灾害导致一些珊瑚物种消失，珊瑚礁退化，多样性减少。

"大堡礁是世界七大自然奇迹之一，"萨曼莎解释道，"它是地球上最大的生物，由3 000多个独立的珊瑚礁系统和数百个热带岛屿组成，甚至可以在太空上看到它，因此，对这个重要而美丽的生态系统的破坏必然会成为新闻。但是这里发生的事情，也在全世界其他的海洋中上演着。可怕的事实是，这已经造成大范围的毁灭。"

尽管气候变化和海洋温度上升是主要原因，但是其他因素也难脱干系，包括污染、用炸药捕鱼、食肉海星的暴发、沿海开发和化肥流失在内的因素也助长了一种藻类的繁殖，而这种藻类会令珊瑚窒息。去任何海域潜水，你都会注意到那些曾经耀眼的珊瑚，现在它们的遗迹如幽灵般躺在海底的坟墓里，举起白色的枝条，仿佛在安静地投降。

"马尔代夫的岛屿有几处世界上最好的潜水目的地，但有很多豪氏礁——那些离海岸最近的暗礁，在海床下沉到更深的水域之前形成了天然屏障——近年来遭受了严重的破坏，"萨曼莎说，"拉环礁是群岛中最深、最大的环礁之一，礁群中珊瑚种类繁多。不幸的是，许多海洋生物在2016年的厄尔尼诺现象中受到了严重破坏，当时海水温度的上升导致大量珊瑚礁白化，我们还没有看到任何明显的恢复迹象。"

尽管珊瑚看起来很像植物，但它们其实是无脊椎动物。每一个结构都由成千上万的微小生物组成，被称为息肉。这些息肉身体柔软，但分泌出坚硬的外骨骼，附着在海底或其他菌落上，最终形成礁石。许多珊瑚品种对高温极为敏感，它们当下所处的环境的温度只要上升一两摄氏度，就会让它们承受巨大的压力。萨曼莎说，当这种情况发生时，它们会排出一种叫作虫黄藻的藻类，这种藻类生活在它们的组织中。海藻不仅为珊瑚提供高达 90% 的食物和能量，还赋予了它们颜色。

萨曼莎说："任何对珊瑚造成压力的东西，包括暴露在高温下、反复触摸、沉积以及含有氧苯酮的防晒霜，都可能引发这种藻类排出珊瑚体外。白化是致命的——有时会导致珊瑚立即死亡或因饥饿而缓慢死亡，也有可逆的。如果环境迅速恢复到适宜水平，珊瑚可以重新吸收藻类，恢复原来的颜色。"

娇丽岛是世界上许多致力于恢复和保护地球珊瑚礁的度假村和研究中心之一。它资助了一个珊瑚苗圃，在那里，萨曼莎正在培育她的"希望碎片"——小珊瑚，她希望这些小珊瑚最终能移植到现有的珊瑚礁上，帮助它们再生。"我们有一个四柱增长计划来补充我们的珊瑚礁，"萨曼莎解释说，"从本质上来讲，我们的目标是扩大珊瑚的领地范围，确保可持续发展，让珊瑚礁免受温度变化和疾病的侵害，提高珊瑚物种的多样性。这项计划具有长期性和持续性，而非权宜之计。"

"当然，我们最需要做的是在个人、地区和全球层面上应对气候变化。在这件事情上每个人都有自己要扮演的角色——我们都需要考虑吃什么、穿什么、丢弃什么、消耗什么，并限制我们对所有东西的消费。但是，在这一信息传播开并成为一种生活方式之前，科学家们正在研究恢复珊瑚数量的微观解决方案。"

养殖、种植和移植珊瑚都是劳动密集型过程，海洋生物学家正在尝试不同的方法，看哪一种更有效。一些珊瑚中心正在收集被风暴或船只和潜水员从海床上刮下的小块珊瑚，并把它们带到培育室进行修复。

萨曼莎说："这些碎片被挂在一个架子上，直到它们恢复并长到健康的尺寸。然后，移植到珊瑚礁退化的部分，我们希望它们能存活下来。不幸的是，并不是所有的珊瑚礁都适合采取这种措施，但我们必须从某个地方开始，对于较小型的珊瑚礁来说，这似乎是一个值得努力的选择。"

另一个方法是收集珊瑚的卵子和精子，并在实验室培育幼虫。"不同的物种繁殖方式不同，"萨曼莎解释说，"有些是单性生殖，这意味着它们是无性繁殖；其他的是雌雄同体，同时释放精子和卵子；而另一些则是嗜性的，产生单性群体。有性繁殖的物种会经历一次大规模产卵，数以万亿计的卵子和精子同时以五颜六色的大暴发形式释放出来，然后漂浮在海面上受精。这是自然界最引人注目的事件之一。"

幼虫在水面上停留几天，有时是几周，然后沉入海底，附着在现有的菌落或其他坚硬的表面上。科学家正在收集珊瑚大规模产卵期间的精子和卵子，通过受精喂养它们，然后将幼虫移植到受损的珊瑚礁上。这种方法很有希望，尤其是在受损面积较大的区域。回到娇丽岛，萨曼莎还在照看年幼的珊瑚。"我们正准备在培育室里安装PVC（聚氯乙烯）支架。一旦这些装置就位，我们将进入下一个阶段——将珊瑚群落的碎片附着在不太理想的基底上，比如沙子和不稳定的碎石。我们的珊瑚会在培育室里待上9~12个月，然后被移植到珊瑚退化的地方。"

她希望培育出能和豪氏礁匹配的物种，继续培育，然后移植到被厄尔尼诺破坏的物种上。这只是一小步，但她对结果很乐观。"这种方法在佛罗里达群岛和加勒比海都很成功，但这在很大程度上取决于海面温度模式以及未来厄尔尼诺现象的严重程度和发生频率。"

"我们必须全力以赴，因为我们不能什么都不做。尽管这是一个平衡的问题，但我们的珊瑚礁需要人类和科学的干预。有些物种比其他物种更能在压力下生存，但也需要保持物种多样性，我们不能仅仅用适应能力更强的珊瑚礁代替现有的珊瑚礁。"

照片：SAMANTHA REYNOLDS

living

我们能做些什么来帮助它们

- 我们每个人能做的最重要的事情就是关注气候变化，尽自己最大的努力限制我们的碳足迹。不使用电子设备时，请将它们关掉；用公共交通工具或步行代替开车；购买当地的时令农产品；避免使用烘干机；放弃使用塑料袋；只要可行，就把交通工具从飞机换成火车；减少红肉的摄入量。

- 在游泳、潜泳和潜水时要小心，不要碰到珊瑚。

- 当你游泳或潜水时，用穿 T 恤代替涂抹防晒霜。这样对海洋更有利，因为防晒霜中的一些化学物质（其中包括氧苯酮）很容易使珊瑚白化和变形。另一种选择是使用对珊瑚安全的皮肤护理产品，比如将非纳米氧化锌和二氧化钛作为活性成分的矿物防晒霜。

- 不要在海滩上留下任何垃圾，试着每次在海边散步的时候，花 5 分钟时间捡垃圾。你会惊讶地发现在几米之内你能捡起大量的垃圾。

- 不要从大海中或者海滩上拿走任何东西。虽然贝壳和珊瑚华丽迷人，但它们属于海洋，而不是浴室。

living

愤怒的邮件，发还是不发？

作者：
唐娜·芬德利
Donna Findlay

想象一个画面：你很生气，火冒三丈，有人真把你惹毛了……天色已晚，没法给他们打电话，所以你打开电脑，在按下发送按钮之前，将自己的感情倾注在一封很情绪化的、充满愤怒的电子邮件里。一瞬间，你感受到胜利和成就，但这种感觉很快就会消退，疑惑会慢慢潜入你的脑海。你做对了吗？这真的是那个人的错吗？你有必要说那样的话吗？你后悔使用那些具有攻击性的话吗？是你反应过度了吗？

冷静下来之后，你意识到自己不应该发送那封邮件——但是已经太晚了。伤害已经造成了。

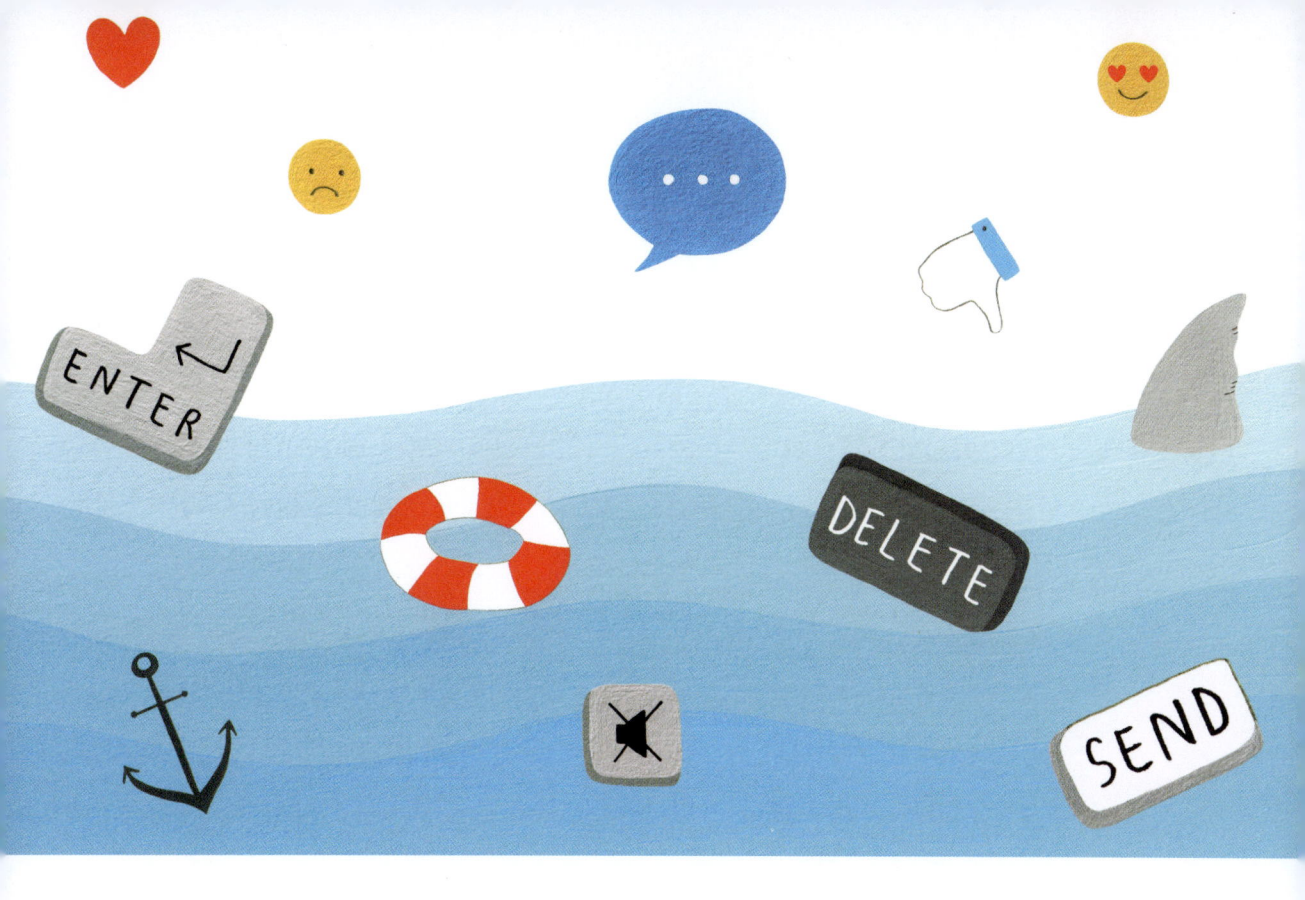

为什么在发送信息之前停下来或停顿一下很重要，尤其是在你生气的时候？

假如你还没有发过一封那种会让你很快感到后悔的愤怒电子邮件，你也一定知道谁曾经这么做过。就算不发邮件，也可能是在社交媒体上发文字或帖子，字里行间充满愤怒之情，意在给对方造成伤害或让对方难堪。另一种让人们陷入困境的常见情况是，写一些完全被误解的幽默评论。

社交媒体上的帖子很容易删掉，但是电子邮件却无法撤回，除非你有某种账户，即便如此，也需要时机和运气。你应该记住，即使你删除了帖子或邮件，它们也可能已经被分享、截屏或转发了。当然，能够瞬间发送消息是一个很棒的功能，但是我有很多理由建议你在发送前做一个深呼吸，并仔细检查你说的话。

在点击发送之前还有一些建议要记住：

不要立刻发送
如果你也曾遇到过这样的情况，正在写一封充满愤怒之情的邮件，这时候你需要花点时间想想这句话：不要点发送键。把你的不满都写出来，让所有的愤怒都发泄出来，不要憋着。写下来有助于摆脱消极情绪。

如果你把所有的负面情绪都憋在心里，就得花更长的时间来处理这些情绪，所以让这些情绪发泄出来。但是请注意，这里的建议是写下来，而不是发出去。用纸和笔写下来，或是在一个 word 文档里记录下来，但如果你还是选择用电子邮件，不要填写收件人，以免一不小心发送出去，或者在愤怒之情最强烈的时候禁不住发送出去。

一旦你所有的情绪都从你的身体里释放出来，并写了下来，你可以去散散步，如果太晚的话，就上床睡觉。正如一句老话所说，早晨似乎一切都不一样了。这时候你已经冷静下来，当你想明白之后或许会有不同的感受。

当你给自己时间思考你的愤怒邮件时，你或许会再想一下到底是发还是不发。如果你不想发，那就把它从草稿箱里删掉。如果你还是想发，去找一个非常了解你的人谈谈，他们能给你提供一个不同的、可靠的观点，可能会鼓励你重新考虑目前的情况，确保你掌握了准确的事实。即使你不确定这是不是一封愤怒的邮件，让别人读一下也是个好主意。即使是世界上最好的作家也会犯错误。当你盯着自己的作品太长时间，太容易漏掉一些事情。

考虑你的语气

在写任何邮件或帖子时，你都要考虑整体的语气，这点至关重要，尤其是对你不太熟悉的人。这也是为什么最好让其他人检查你写的内容。书面文字的语气很容易被误解。例如，愤怒的邮件可能听起来过于夸张或具有威胁性，而试图表现得幽默（不管你认为一个笑话有多滑稽）也可能被解读为讽刺或冒犯。不要以为在评论结束时用一个微笑或眨眼的表情符号就能帮你解决所有的问题。

另一个需要考虑的问题是，你要根据每个人和你的关系，用不同的格式写电子邮件，花更多时间打磨，确保对方收到你的邮件后能明确你的真实意图。

还要注意用错标点符号的地方或者一串大写字母。一个（或者几个）感叹号表示你在大喊大叫，而不是说一些有趣的事情。同样，如果你不小心碰到了大写字母键，写出的单词都是大写字母，可能会被理解为你在对收件人大喊大叫。这是个雷区！如果你拿不准语气，找个朋友帮你检查一下。

需要考虑的另一个方面是，当你躲在键盘或手机的屏障背后时，你会感觉很有勇气。有些人可能更倾向于把平常不会当面提的事情以打字的方式表达出来，但你不要把一些你不会当面说的东西写出来。说不定，你会在某个时候见到那个人。

请记住，虽然电子邮件可以被删除，但它们也可以在一秒钟内被转发，而且你永远不知道你的信息会被如何解读（就像《维特罗斯》杂志的前编辑威廉·西特韦尔在 2018 年 10 月因为一封开玩笑的电子邮件付出了代价）。一封特别的电子邮件迅速就会走红。你在愤怒或开玩笑时写的东西会被很多人看到，不论你最初的意图是什么，他们都会通过你的言语来判断你。所以，花点时间，在发送之前重读一遍你写的话，千万不要在生气的时候发送出去。这样做可以让你在未来避免很多麻烦。

插画：FERN CHOONET

生活

*仔细看看你正在构建的现在:它应该看起来
像你梦想的未来。*

_艾丽丝·沃克

插画:MATT CHINWORTH

正念

MINDFULNESS

mindfulness

贡献的真正含义

作者：
亚历克斯·鲍尔斯
Alex Bowers

专注于你所投入的，而不是你所得到的，
让你获得更大的幸福。

在西方社会，人们往往对成就有一种执念。想要做到最好、自强不息、飞越巅峰。只要能够达成最终的成就，哪怕耗费精力或者以健康为代价，这些都无所谓。然而，想要有所成就还有另一种方式，这种方式并不需要我们付出什么巨大的代价，也可以收获幸福。因为成就并不总是代表一切，在某些情况下，选择以贡献来做评价会让我们自己和家人朋友感觉更幸福。

投入和收获听起来像是一个问题的两方面，但单从达成成就来看，这两个方面并不对立。成就意味着克服障碍，并最终通过努力取得成功。不管是什么障碍或者克服障碍本身有什么意义，最终的结果都是要取得成功。而贡献不一样，它要求我们付出相同的努力做力所能及的事情。

我以前足球踢得不好，球技很糟糕。尽管如此，我还是尽己所能地参与比赛，我会和队友们开玩笑、逗大家笑，让队友保持士气高涨，让他们即使面对失败也保持高昂的情绪。虽然我的球技不怎么样，但是我曾经因为自己付出的努力而被授予"年度运动员"称号，这也是一种收获。

说到底，我个人从不在乎输赢。事实上，大家通常会认为输球的球队可能是更好的一方。在某种程度上，这种信念源于这样一种想法，即胜者可能只是恰巧在恰当的时间站在了合适的位置上，而输球的队员虽然付出了努力，却没有那么幸运。然而实际上，失败的一方在更努力地克服各种困难，更努力地做到让自己感到自豪的地步。我尽了最大的努力，以一种我也说不清的方式做出自己的贡献。我为那些日子感到骄傲。

我现在不再踢足球了，但对于不断通过实现更多目标来体现生活成功的方式仍然不感兴趣。大多数人都有梦想，在可能的情况下，努力让梦想成为现实是合理的，但不能以牺牲幸福为代价。

有智者曾经说过，不仅要关注追求幸福，还要关注追求的幸福。这意味着我们没有必要完成生活中的所有目标，而是要享受实现目标的过程。带着这种想法，你就能体会到你所做的贡献以及做贡献的方式方法比你所取得的成就更重要。你可能会失败，但仍然能获得贡献的感觉，就像我在足球场上所做的那样，而另一个人可能会在工作中体验到贡献的幸福。

关于职业，我认为美国民权活动家马丁·路德·金有一句话说得特别好："如果一个人被称为扫街者，他应该如米开朗琪罗作画般，或者如贝多芬作曲般，或者如莎士比亚写诗般扫街。他应该扫得很出色，以至于天地万主都会停下来说：'这里住着一个伟大的扫街工，他的工作做得很好。'"

成功的传统标志往往是指职位晋升、赚取丰厚的薪水或行使更多的权力，然而事实上，我们在工作上的贡献并不总是和这些传统标志密切相关（事实上，并不经常）。在工作中的贡献可能意味着要在截止日期之前提交一份报告，帮要去吃午饭的同事处理客户投诉，甚至是泡一杯茶。贡献还可能意味着让某人微笑。

与其考虑你将来能取得什么成就，不如考虑如何在此刻做出贡献。如何将贡献艺术应用于生活？更多地从认知当下开始做起。这样你就能让大脑认知当下的各种可能性，而不是顾虑那些即将发生或是更为遥远的可能性。在培养这种能力时，正念是一种有用的工具，它可以帮助你提高认知生活的内在意识。试着去思考：你的生活是否只注重成就？或者，你是否认识到当下做好自己的工作更重要，而不是拖到明天完成？

贡献各式各样、有大有小。贡献可能是重要的或者不重要的，要视具体情况而定，当然，还取决于你。对我来说，贡献这个词的真正含义（不是《牛津英语词典》中给出的释义，或者至少是除此之外的含义）来自你的内在，来自决定你人生道路以及你希望在世界上扮演何种角色的那部分内在。在很多方面，选择贡献就是选择一条道路——选择一个角色。贡献可以是你想要的任何形式，你也可以决定贡献的大小。一切由你而定。

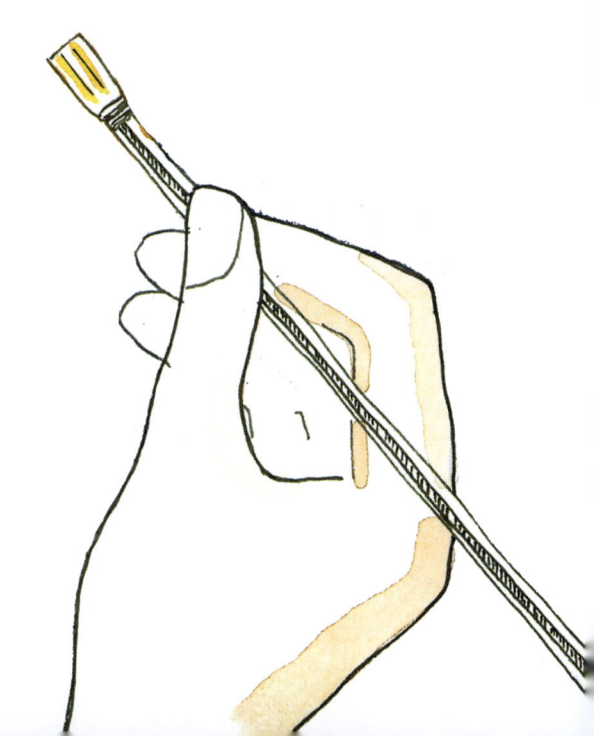

正念

插画：VARVARA FOMINA

mindfulness

追求目标，也别忘了生活

作者：
莎拉·梅纳德
Sarah Maynard

临床心理学家，
正念老师。

随着年龄的增长，人们通常会屈服于实现目标的压力——你的目标可能是找到一份好工作、买房子、拥有一个家庭，或者你为自己设定的其他崇高目标。某些人可能会执着于实现目标。虽然这些目标仅仅是为了体现自己的价值，或者是为了完成而设定的，但是他们最终还是会不顾一切地为了实现目标而努力。然而遗憾的是，这样做确实会给他们的生活带来影响。

研究人员戴维·布兰奇弗劳尔和安德鲁·奥斯瓦尔德研究了美国50万人的数据，他们发现年轻人和老年人的个人幸福感最高，而中年人的幸福感达到了一个低点。虽然人到中年，面临着许多压力，但部分压力可能是因为需要专注于实现一些目标。但是当你以这种方式坚持不懈地追求目标时，你又错过了什么呢？

专注没有错，但留心生活的边缘可能才是获得个人满足的关键。

过于关注目标的缺点

过度关注目标，你可能会发现自己的思维变得僵化，所有的事情都是"非黑即白"。你会有"如果我们不能在短时间内建立一个家庭，我的生活将变得毫无意义"或者"再在这房子里多住一秒钟，我就会疯掉"之类的想法。这样想问题很容易让人陷入思想斗争，钻牛角尖，感觉找不到出路。这会让你备感压力，影响身体健康和工作，与朋友和爱人之间的联系也会因此而减少。

丽贝卡·兰德尔是来自肯特的一位活动总监。她反思职业目标是如何将自己推向生活边缘的，"我想创建一家专注于身心健康和家庭幸福的企业。为了追求这个目标，我有时会迷茫而不知所措，经济上也遭受了损失，我的家人为此投入了很多时间精力，我自己的健康也受到了影响。在这个过程中，我已经精疲力竭了"。

花点时间去思考，也许会对你有帮助。想想你为什么会有某些目标，以及你希望为谁实现这些目标。你定的目标真的适合你吗？人们常常发现自己在追求一些社会高度关注的事物，甚至不考虑这些事情适不适合自己。此外，是不是专注于目标之前，你的生活并不顺利，所以才想通过实现目标而让事情得到改善？这种方式的问题是，如果目标达成，最初的问题或困难可能还会再次出现。

被迫离场的是什么

有时，目标会让你陷入狭隘、封闭。解决这个问题，第一步就是承认自己可能正处于这种状态。

实现目标确实是积极的，而且社会也鼓励人们追逐梦想，但是承担责任不同于自责。可能你成长于一个对成就（学术的、体育的或社会的）倍加推崇的家庭，家庭氛围会让你把达成目标与爱、赞扬和接纳联系起来。一旦你承认这会产生问题，下一步就是反省，反省自己在坚定不移地追求目标时是否错过了什么。思考下面的问题，看看它们是否有助于你探索自己的目标是什么，以及这一目标会如何影响你生活的其他方面。

- 我的注意力集中在其他地方时，我是否忽略了自己的爱好、娱乐活动或兴趣？
- 哪些活动是我一直想尝试的，哪些地方是我一直想去的？
- 哪些朋友、同事和熟人过去经常见面而现在却失去了联系？
- 最近几周或几个月，我身边发生了什么好事？
- 我如何才能让自己的生活更平衡？

非目标导向的活动——只是为了享受而做的事情，会将你的大脑从一种僵化、习惯性的"驱动"模式转变为一种灵活、开放、有创造力的正念思维模式。在正念思维模式下，身心都可以得到休息。持续不断地在驱动模式下运行，会让人精疲力竭、备感压力，还可能导致焦虑和抑郁。冥想、绘画、在绿地中散步等活动是很好的选择，可以帮助你切换到一个不那么努力的模式。

根据你的思考，列出 10 件你想再做一次的事情或者想重新联系的人。虽然 10 件听上去很多，但这将帮助你跳脱出惯有思维的标准答案，迸发更新颖、更有创意的想法。列出这些事情并不是说你必须同时完成，记在记事簿上做出计划，这样会很有帮助。总有几天你可能会更专注于目标，这是不可避免的，但你要保持一周内的整体平衡。

健康状况不佳，随之而来的是放弃与工作相关的目标。35 岁的克莱尔·库利重新评估了自己的生活。她说："面对这样的不确定性，我会感到非常无所适从，并且心生畏惧，但我已经学会了日复一日地关注每一个时刻，不管未来是什么样子，我都会慢慢地朝着一个可能的方向去努力。"工作状态的改变让她有时间和精力关注其他兴趣。她说："我一直很有创造力，但时间不允许我去尝试。现在我调整了工作状态，所以我开始拿起相机，不只是捕捉更多生活中的瞬间，记录特别的活动，还去关注并记录我们周围的美——那些即使在最黑暗的时刻也能发现的美。带着相机散步现在已经成为我最喜欢的日常活动，这也是一个与大自然建立联系、享受当下的机会。"

开阔视野，建立抗压能力

不论结果是否会让你朝着一个特定的目标前进，将生活扩展到其他领域都是一个让人既兴奋又畏惧的过程。抓住机会，让自己的生活转向或走出自己的舒适区，每个人或多或少都会产生不适感。但即使是今天的一小步，经过不断的努力，你也会让生活在相对较短的时间内大有不同。

在这个过程中，恐惧和怀疑是正常的，但这并不意味着你不应该去开阔自己的视野。如果你一段时间以来一直专注于追求一个特定的目标，当你再去关注生活中的其他事情时，你便会觉得更加陌生。这种状态会导致更多问题。比如，现在需要处理什么？你不能或不应该再忽视什么？有趣的是，你的兴趣越广泛，你的生活视野越开阔，生活越丰富多彩，你的主要目标也就越不占主导地位。这意味着你可以以一种更自然、更健康的方式去追求自己的目标。

此外，如果野心或目标从未实现，那么它对你的生活产生的影响可能远没有那么重要。克莱尔说："事后回想，这些变化引导我走上了另一条道路，让我获得可能从未有过的经验和机会，而且这一路走来留下了很多宝贵的经验和教训。"

拥抱变化

生活很容易变成一张长长的清单。仅仅专注于一两个大目标是令人兴奋的，同时这让生活看起来更可预测。但有时你的关注点过于褊狭，这可能也意味着你错过了丰富多彩的生活。参与目标之外的生活，会让向目标进发的旅途变得和实现目标本身一样愉快。

而且，正如丽贝卡所说："有时候目标源自你的内心，你无法放手。目标通过你心中最深层的价值观得以体现，而且我们倾向于追求那些需要花费更多精力的目标。我们所有人都把大部分精力和资源投入我们最看重的事物中，但是困难在于实现平衡并保持对目标始终如一。与此同时，我们还要正确看待生活中的其他方面，这点也不容易。一个目标可以实现，但代价是什么？"

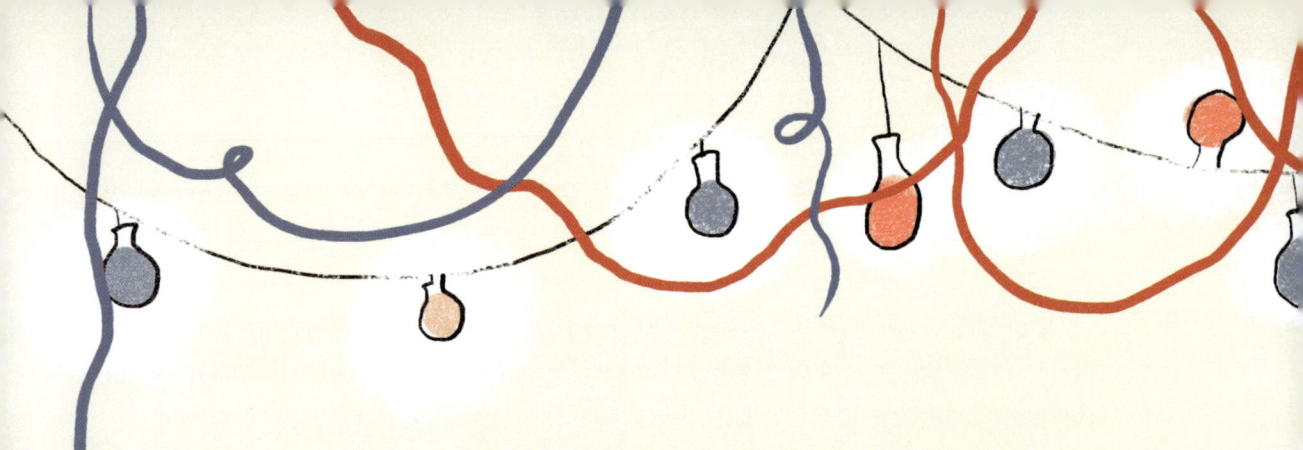

mindfulness

期待之悦

数字化世界崇尚即时满足。人们可以很快接受一件事并沉迷其中，每周7天、每天24小时都可以随时得到满足，这往往意味着错过了等待后获得的兴奋。

作者：
吉尔·佩尔顿
Jill Pelton

你是否曾经有过这样的经历，假期归来第一天，你就利用午休为今年的另一个假期做好了规划？可能你上次旅行的行李箱还没来得及收拾，但这并不意味着你迫切需要另一个假期。重要的是，你想有一些值得期待的事情。如果此刻你正度过难熬的一天，对假期的规划会让你对未来有一点积极的期待。

大多数人从孩提时代就开始享受以各种方式期待一种东西的感觉，期待收到生日礼物、期待特殊日子的外出或期待圣诞老人的来访。和其他人一样，你的父母可能想利用等待时间让你知道，如果你在特殊的日子到来之前表现不好，期望中的事情就泡汤了。

随着你长大成人，你可能会越来越意识到有所期待的好处。"棉花糖实验"是美国于20世纪60年代首次进行的研究，之后在许多其他实验中得以应用。实验中，孩子们每人得到一颗棉花糖，并被告知：如果待在房间里的这段时间内不吃这颗棉花糖，他们稍后会再得到一颗棉花糖。一些孩子选择等

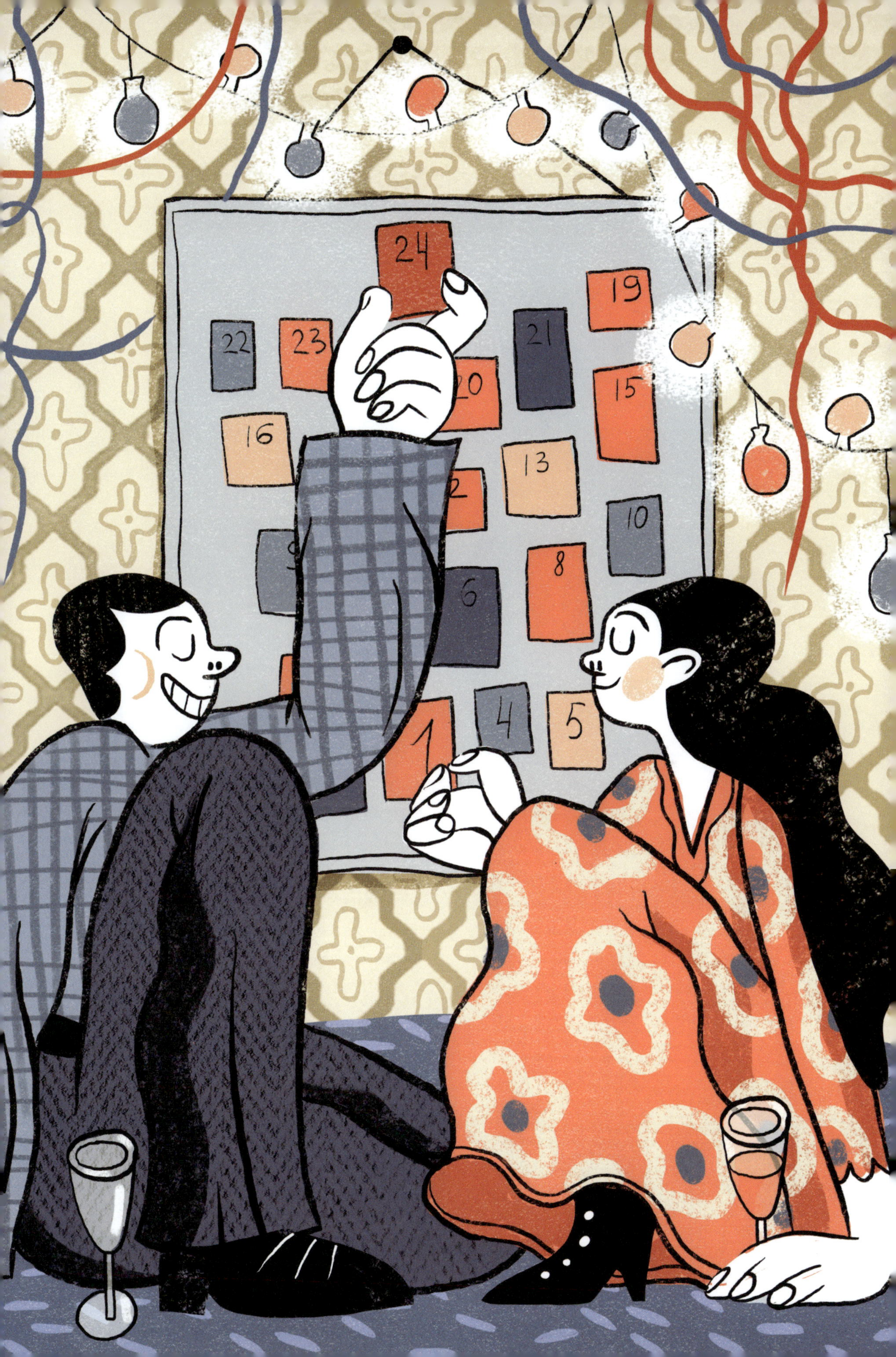
24
19
22
23
21
20
15
16
13
10
8
6
4
5
1

待，得到了额外的棉花糖作为奖励；而另一些孩子则选择立即吃掉第一颗棉花糖。成年之后，我们理应更有能力做出选择。

不选择延迟满足的一个常见例子，是"一口气看完"电视剧的所有剧集。过去，电视连续剧上映之后，观众几乎没有选择，只有等待一周才能看下一集（如果时间安排有变，比如正好赶上足总杯*重播，等待时间可能会更长），人们可以琢磨结尾处扣人心弦的悬念。

现在，随着流媒体平台的普及，如果你愿意，从头到尾追一整部剧也是可能的。事实上，现在在剧集间的间隔时间很短，而且间隔似乎越来越短，所以观众被怂恿着继续观看。如果某首歌突然出现在你的脑海中，你也可以立即播放音乐，或者在几秒钟内下载一张电子专辑，这些都是流媒体普及带给我们的即时满足。

所以，在一个即时满足正在兴起的数字世界里，人们逐渐忘记了期待吗？还是在一件可能非常需要期待的事情上，我们更倾向于以其他方式期待呢？以圣诞节庆祝为例。过去，圣诞节前的那段时间是禁食时间，庆祝活动从圣诞节当天开始，持续12天甚至更长。如今情况恰恰相反，圣诞庆祝准备工作从11月开始，也许更早，12月初会有聚会和家庭聚餐，而在节礼日（圣诞节后的第一个工作日）一些人已经准备取下圣诞装饰，圣诞庆祝活动也随之结束了。

在某个阶段，你可能已经意识到，有时"期待"的喜悦并不亚于所期待的事物。比如你对旅行度假或圣诞节、感恩节或排灯节（印度的宗教节日）等庆祝活动的期待并不亚于它们带给你的幸福——这并不是说你的旅行或庆祝活动令人失望，只是你意识到了积极期待的好处。这一点得到了研究的证实。研究发现，当你感觉自己得到了奖励时，大脑不会释放被戏称为"快乐激素"或"快乐化学物质"的多巴胺，反倒在期待奖励的过程中，多巴胺会得到释放。

如果你属于有事情立刻就做的一类人，性子极度不耐烦，那么你有没有在生活中错过什么？诚然，如果你能活在当下，不沉溺于过去也不担心未来，那么你会获得很多幸福。有许多研究指出，积极的期待能提高情绪（要适度——当然，没有人建议把家里搞得像军事总部一般，把期待的事物贴满墙壁，又或者放弃享受当下）。研究还发现，人们期待假期时会比回忆假期更快乐。

但有一点想特别提醒，你不是非得计划一个昂贵的假期才能体验期待的感觉，你可以期待一些小的日常之事。也许是读一位你所钦佩的作家撰写的书，放慢节奏追一档十分喜欢的电视节目而不是一次性看完，甚至可以带着狗去一个你最喜欢的地方散步，或者在下班回家的路上听播客。如果你无需额外的花费便可以得到双倍的享受，那这件事肯定值得等待……

---

* 足总杯是由英格兰足球协会命名并主办的一项男子淘汰制足球杯赛。——编者注

mindfulness ─────────

试试古老的问候艺术

互联网是现代生活的重要组成部分，但在数字世界中，个人的声音会被淹没，其裹挟的复杂情绪和细微差别也会随之消失。然而，回首遥远却又没那么遥远的过去，是对我们的一种提醒，提醒人们从即时聊天中退出，放慢脚步，珍视有意识的交谈。

作者：
蒂芙尼·弗朗西斯
Tiffany Francis

这个世界是一个对话的旋涡。在这里，我们反思过去，评估现在，预测未来。故事从一个朋友口中传到另一个朋友口中，就这样传给一代又一代人。如今，大部分聊天内容通过数字方式共享，上传到脸书、推特或照片墙——这是人类现世生活的不朽快照。尽管社交媒体在许多方面增进了沟通，但它似乎也加重了焦虑、错误、误解和攀比的负担。

沟通不必如此——毕竟，几千年来人类在没有社交媒体的情况下分享故事、食谱、诗歌、流言蜚语，宣示爱情以及战争。这里并不是建议人们回归借助洞穴壁画作为家庭宣告的方式，但重新审视前互联网时代的交流方式，或许可以让人们了解如何在与现代世界保持联系的同时，更加用心真实地对待自己。

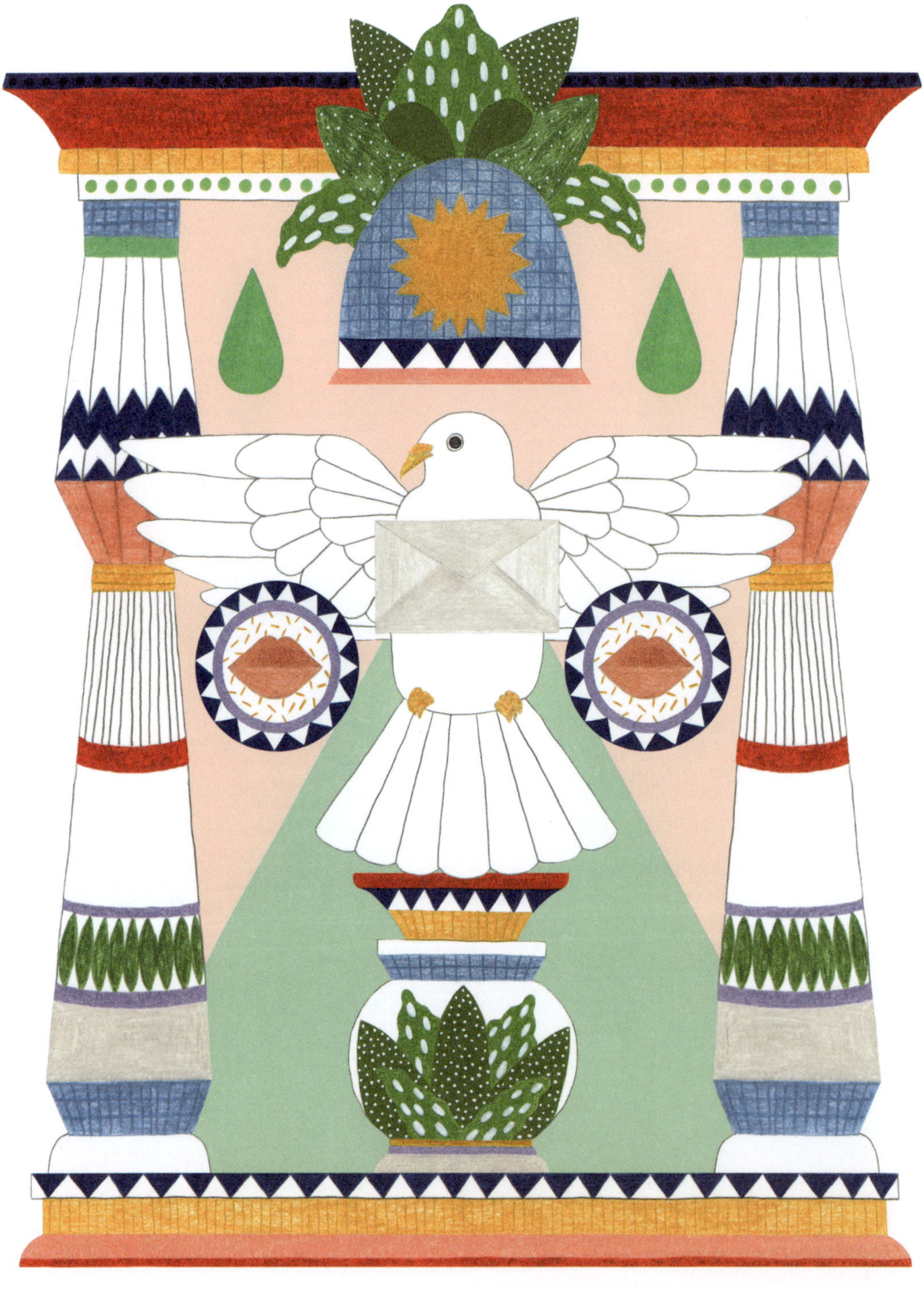

用图片说话

已知最古老的人类交流记录以洞穴壁画呈现——用小工具在岩石上雕刻，并用天然颜料着色。其中最著名的洞穴壁画是法国东南部阿德切地区的肖维岩洞，这一洞穴由一群法国探险家在 20 世纪 90 年代偶然发现。洞穴里有保存完好的马、猛犸象、狮子、熊和犀牛的壁画，以及已灭绝很久的动物的化石、足迹和斑纹。

虽然理论表明从萨满教到为艺术而生的艺术均有可能，但没有人能完全确定这些绘画存在的原因。这些绘画以其美学价值和逼真的品质而闻名，估计至少有 30 000 年的历史。然而，虽然艺术家的作画意图仍不明确，但他们留下的图像依然流传到了现代世界，这也许正是美感所在。这些壁画图像依然在世间流传，仍然会对我们说"你好"，并带我们一睹遥远的过去。

通过图像交流不是石器时代的专属。在古苏美尔、埃及和中国，最早的书写系统是基于象形图和表意符号形成的，这些符号代表真实的文字或思想。科学家甚至在世界各地独立进化的文明中发现了一些表意文字，它们共同的内生价值超越了语言和距离。

例如，流泪的眼睛是悲伤的通用象形文字，就像今天在短信和推特中使用哭泣的表情符号一样。据估计，在照片墙所有的评论中，有一半都包含一个表情，而世界上 92% 的在线用户都使用表情进行交流。互联网语言学家格雷琴·麦卡洛克认为，人们对表情符号很着迷，因为"字母让我们写单词，而表情符号让我们写手势"，这意味着我们与图像之间存在着某种既简单又复杂的关系。

用自然说话

你曾经让朋友或同事给你传递过信息吗？把你的秘密委托给其他物种又如何呢？信鸽的回巢能力堪称传奇，信鸽作为一种流行的交流方式至少存在 3 000 年了，可以追溯到古希腊，当时它们在早期的雅典奥运会仪式上便发挥着象征性作用。每届奥运会结束后，他们都会被派往周围的村庄，作为宣布胜利者的一种方式，并给当地人民一些时间准备橄榄枝、宴会和庆祝仪式来欢迎他们的英雄回家。

今天，这些勤勉的鸟儿，飞行速度可达到每小时 177 千米，即便科学家们尽最大努力干扰其返程之旅都不能妨碍它们。法国的一项研究表明，信鸽甚至有可能根据自己的面部特征识别出单个鸽群。如果这是真的，这将使谦卑的信鸽成为一个真正值得信赖的使者。另一位早期利用自然传递问候（和其他信息）的据说是罗马的第二任皇帝提比略。在地中海的卡普里岛上，他借助日象仪抛光的金属表面反射太阳来传递信息。像无数的前人和后来者一样，他将太阳作为一个无限、可靠和强大的光与温暖的来源，利用太阳的能量来沟通和观察周围的宇宙。

20 世纪 20 年代，美国林业官员仍在使用日象仪进行远距离通信，许多人继续使用日晷作为大自然的时钟。借助日象仪和日晷来安排与朋友的咖啡之约可能不现实，但有一些符合自然规律的事物仍可激发更多的思想交流。

正念

> "人类最伟大的成就来自交谈，最大的失败来自不交谈。"
>
> 斯蒂芬·霍金

用速度说话

在过去的 200 年里，人类交流的速度大大加快。一个早期的例子是美国邮政服务，美国邮政在 1860 年转型为小马快递，快递员骑着马传递信息、电报、邮件和新闻，可以在 10 天内从加利福尼亚州赶到密苏里州（大约 2 950 千米）。每次停歇后，快递员都会换一匹新马，在继续骑行之前只带着一个邮袋，叫作马鞍袋。

19 世纪，电报机的发明意味着信息几乎可以瞬间跨越大陆和海洋传播。电报机是战时军事规划者的重要工具，但许多平民家庭开始对其产生恐惧，因为某位家庭成员去世的消息通常会发电报告知，所以电报的到来象征着告别。塞缪尔·莫尔斯与人共同研制了电报，也协助发明了字符编码系统，正如其名字所示，这种编码系统后来被称为莫尔斯电码。

电话给人们的沟通带来了巨大的便利。电话在 1876 年首次获得专利，并成为现代生活必不可少的部分。但是，电话有多少次的使用是符合发明的初衷——用自己的声音直接和另一个人说话的呢？如果英国通信管理局的数据是正确的，那么电话的使用频率正在下降——2018 年，手机语音通话的数量有史以来第一次下降。尽管如此，还是有很多人似乎和手机形影不离，特别是千禧一代。据说千禧一代认为即时通信比在电话中交流更有吸引力。

这是否意味着电话的另一端再也感受不到真实声音的自然与温暖，是否意味着再也听不到一声亲切友好的"你好"，是否意味着再也听不到鼓励的话语以及心意相通、毫无顾忌的大笑？

在话语中倾注心意

虽然互联网和社交媒体已经彻底改变了我们的沟通方式，但有时从数字世界中退一步，回到一种更为谨慎的联络方式是有益的。速度和效率可能会使沟通更快捷，但互联网如此繁忙，它可以稀释声音，让信息淡入背景。也许我们祖先的方法——无论远近——都能给我们提供沟通的灵感。

下次，当你和大学老友联络时，给他们写封信选择慢如蜗牛的邮政寄送（也许这封信不再需要骑马运送，但比起即时通信软件的消息仍然需要更长的时间，而且更加个性化）；如果你想知道一位年迈亲戚的近况如何，拿起电话，拨通号码进行交谈；如果你想发送讣告，却还在努力寻找合适的词语，可以考虑把你的想法和感受倾注到一件艺术品中；如果你想在社会问题上立论，把你的精力投入到制作精美的电子杂志上。

比起在照片墙更新，这些事情都要花费更长的时间，但在放慢速度、专注于某一个人或一个有收获的任务的过程中，你可能会发现自己头脑中的想法比曾经想象的还要多。

◭ mindfulness ────────

找回你自己

作者：
克里斯汀·菲尔德豪斯
Christine Fieldhouse

如果你觉得自己是局外人，被大家排除在外，不是小圈子里的一员，那么也许是时候审视一下人际关系中最重要的关系——你和自己之间的关系了。

一家完全由利润驱动的公司赚数百万英镑，这对你来说可能没那么值得大惊小怪。你可能不喜欢在嘈杂的酒吧喝酒，又或者你可能和你的亲戚都不一样。无论如何，你只是觉得自己不能融入街区、办公室、夜校、宿舍甚至你的家庭。可能这种格格不入影响的只是你生活的一部分，但这种感觉会越来越强烈，直到最后你认为自己在各个地方都格格不入。你常常用尽全力，但是无论你多么努力，始终都是从外部看待生活。

特里西娅·伍尔弗雷既是教练也是一名治疗师，她说感觉自己格格不入是常见问题。她在伦敦和萨里的实践经验表明，女性比男性更容易受到影响。但这并不罕见，在任何年龄段的人身上都有可能出现。历史上一些著名的人物（如物理学家阿尔伯特·爱因斯坦和画家凡·高）都承认，他们觉得自己是局外人。最近，女演员朱莉·沃尔特斯和主持人奥普拉·温弗瑞表示，她们有时会感到自己在生活中不合群。

32 岁的安娜是一名私人助理，她从湖区的乡村住宅搬到伦敦后，就认为自己处于格格不入的边缘。"我觉得我在伦敦穿错了衣服，"她回忆道，"以前工作的时候，我都穿休闲步行运动装和登山靴。我对名牌服装一点也不感兴趣。但在城里的新办公室里，我这身穿搭却显得格外引人注目。"

"即使我已经尝试改变自己的穿衣风格，也没有人邀请我一起出去吃午餐和晚餐。就连我的头发都是与众不同的，相比于其他女性光滑柔顺的波波头，我的头发显得狂野而杂乱。热情开朗的我变得十分内向，我在想自己到底是怎么了。"

特里西娅是《21 条道路，21 天通往你想要的生活》一书的作者，她解释说："过去在地方政府工作的人，如果在一个更商业化的企业里找到一份新工作，他们可能会觉得自己是个局外人。这种情况可能发生在那些四处旅行却从未扎根的人身上，或者发生在那些与周围人有文化差异的人身上。"

"他们会不断地问自己是不是还好，说话做事是否合时宜。他们会努力让别人接受自己，甚至冒着失去自我意识的风险，将自己变成他们认为大家会喜欢和接受的那类人。"

正念

这种对融入的渴望就是生存。心理学家亚伯拉罕·马斯洛在 1943 年发表的《人类动机理论》一文中，将社会归属感列为我们的基本需求之一，提出社会归属感和食物、水、睡眠和安全同等重要。

人类被设定为群体的一部分。传统意义上，人被排除或驱逐出自己的团体可能会导致死亡，所以你想被人接受一点也不奇怪。你的不适应会引起焦虑、孤独和自我怀疑，导致抑郁和疏远，会让你感觉没有目标或者无法控制自己的生活。

"感觉自己无法融入环境的人不会质疑环境，他们会质疑自己，认为自己出了问题，"伯恩茅斯的人生教练贝基·霍斯顿解释说，"他们将此视为自己的问题，变得过于敏感，开始认为自己不够好。与其说'局外人'不喜欢办公室里的酗酒者，不如说他们会默默适应，嗓门会变得更大，性格也会更加激进。他们会喝更多酒，生性温和的他们甚至可能开始骂人。他们已经准备好改变自己以适应环境，成为取悦人的行家。"

贝基说造成这种情况的真正原因是缺乏自我意识——你不知道自己到底是谁。她解释说："当我们知道自己是谁，并为此感到高兴时，我们就会觉得没有必要适应所有人。我们找到自己的群体或者建立一个群体，然后就会适应了。"

应对孤独感，快乐做自己的方法

1 确定自己的核心价值观
问问自己，对你来说什么最重要，如果你不清楚，就问问自己什么会让你开心。可能是自由、冒险，或是认可。你可以回想一下生命中最快乐的时刻，找出让那些时刻与众不同的原因。在答案中你将找到自己的价值观。

2 在自己身上花时间
这似乎是一个矛盾。如果你感觉孤独、被孤立，你就会想与他人联系，而不是花更多的时间独处。但应对孤独的秘诀就是给自己全神贯注的时间。做一些高质量的事情可以增强自我意识。比如，问自己一些探索心灵的问题，学习自我发展课程，或者独自去吃午餐。

3 增强自尊
特里西娅解释说，那些觉得自己格格不入的人会寻求别人的认可，如果不这样做，他们会感觉更糟。她说，答案应该是打心底里得到自我认可。首先列举所有你喜欢的自己的品质，学着像欣赏拥有这些特质的人一样欣赏自己。

4 质疑你的决定
因为害怕而切断和他人的联系，你可能也要为此承担部分责任。如果你收到晚宴邀请并决定拒绝，问问自己，拒绝对自己来说是不是最好的选择。如果你是因为自己在这些人中感觉不舒服或觉得准备不足才拒绝，又或者担心自己不如他们好，那你最好试着参加这个晚宴。记住，邀请你的人希望你在晚宴上出现。

5 学着闲聊
学习一些可以随处使用的对话技巧，从提问开始，认真倾听对方的回答。大家都喜欢谈论自己，他们也会感激那些认真倾听的人。

6 参与其中
融入的最好方式就是成为其中一员。如果你的同事没有邀请你一起外出聚会，那你可以找一些喜欢读书的人成立一个读书俱乐部，或者询问一些喜欢户外运动的人士，看看他们是否想周日在公园散步、喝咖啡。

✺ mindfulness

我钟爱之物

作者：
安妮·吉洛特
Anne Guillot

依恋一件有特别意义的物件对你而言意味着什么？

许多人觉得有必要随身携带一个特别的物品，无论他们去哪里，无论他们做什么，无论他们和谁在一起都要带着。可以是亲人的手写纸条、珠宝，甚至是戏票。这些物品往往因为自身附带的情感价值而被珍视，但还有更深层次的价值。在不知情的人看来它可能是一个微不足道的物品，但对它的主人来说它是一个有力量的工具，可以在减少焦虑的同时增强人的信心和勇气。然而，也有一些疑问随之而来：一个物品为何能成为一个人在生活中时不时需要的依靠？它如何让人们感觉到自我更加完整？

自我感

我处于极度恐慌时，会随身携带一小块紫水晶，它能给我努力寻找的精神力量，这块水晶是我在绝望时买的。我从来不是那种相信宝石（或者确切地说，任何没有科学证明的东西）有治愈能力的人，但在我人生最低谷的时候，我认为自己已经没有什么可以失去的。当我把我最后的希望以及积极的能量放在一块能让我平静和放松的石头上时，我慢慢地恢复了力量和信心。

最初，我冥想时会带着紫水晶，但很快我发现没有它我哪儿也去不了。这块不显眼但又如此珍贵的石头保护着我，给我勇气。就像一个护身符，它把我带到了更远的地方。当我害怕时，我会用手指轻轻地摩擦它，几乎立刻就感觉到一股平静的力量从我身上散发出来。几年后，我不再需要紫水晶帮助我克服恐惧，它和其他纪念品一起放在我的宝箱里，它们是我过去的记忆。它是我恢复元气的象征，有时也是我重返平静和心安的源泉。

安全感

为什么有些人需要不断地得到安慰？在自我怀疑时寻求安慰是人类的天性。英国儿科医生和心理分析学家唐纳德·温尼科特介绍了"过渡物品"一词，"过渡物品"指任何能给适应新情况的儿童带来心理舒适感的物品。随处可见的毛毯对他们来说并不仅仅是一块布料，而是一种深刻的情感联系，毛毯让他们在睡前或者身处陌生的外部世界时感觉安全可靠。

在孩子的成长过程中，大人会鼓励孩子放下毛毯，直到他们找到应对幼儿期变化的正确方法。有些人会找到一个最喜欢的玩具代替毛毯。最终，成年生活表明，在追求独立之路的过程中，幼稚的事物都会被人们放下。然而，成年人也需要一些特别的东西，随着时间的推移，这些物品变得更有意义。也许这就是为什么一只破旧的泰迪熊仍然是最好的治疗方法。它类似于精神上的拥抱——有着神奇的力量，可以唤起美好的回忆，在短期时间内提供安慰。

控制感

然而，事实上魔法是由那只破旧泰迪熊（对我而言，是那块紫水晶）的主人提供的。人们把注意力放在他们钟爱之物上时（或者专注于它们带来的快乐体验，或者像我一样将其当作一种冥想工具），会给它注入积极的能量。这就是为什么当生活的挑战让我们无所适从时，它让人回归安全感和快乐的怀抱。拿着它可以让主人在汲取让人安定的能量时感觉更平静。这种现象不会在一夜之间发生，训练大脑管理困难情绪是一件很有挑战的事情，但是毛毯可以帮助你缓和自己的情绪。你可能已经准备好了。但是如果你没有找到合适的共鸣物品，你可以创造一个与自己产生共鸣的物品。虽然什么适合做共鸣物品没有明文规定，但是便宜的小物件更便于随身携带，而且有时你可能把它随意乱放。可以是一个别在外套上的徽章或胸针，也可以是一个有你喜欢的图案（比如花、鸟，甚至一辆车）的吊坠，或是塞在钱包里的一首诗。用你的直觉寻找这个物品……虽然大多数时候你并不会选择用直觉寻找，但是这个物品会找到你的。

认同感

许多人回避并拒绝用财产来定义自己，他们认为物质财富并不能带来真正的幸福。然而，其他人却对物质财富着迷。例如，拥有梦寐以求的东西是收藏家的动力。他们在丰富藏品的过程中兴奋不已，又因为打造了一个自己可以掌控的舒适区而备感自豪。

极少数人会把所有的热情、时间和精力都放在一件物品上。不少音乐家与乐器间的联系特别紧密，以至于别人很难理解乐器对他们的重要性。1972 年，美国著名小提琴家梅贝丝·普雷斯利的小提琴被偷，她说："就像被截肢一样。"2007 年，中国台湾作曲家兼小提琴家邱汤姆（Tom Chiu）把乐器落在了地铁上，他哀叹道："好像失去了我的声音，我的灵魂。"有些物品确实已经内化为我们的一部分。

mindfulness

全新世界

作者：
卡罗琳·帕特登
Caroline Pattenden

生活充满起起伏伏、情感的高潮和富有挑战性的低谷——是时候大胆地做出选择，把生活带到一个永远不会重蹈覆辙的方向上吗？

生活中总有需要停下来喘口气的时刻，那一刻你意识到生活已经完全变了。这种时刻可能时隔很久才有一次，一旦发生，就真的发生了。结婚、生子、离婚、死亡——这一切对你狠敲猛打。生活中的关键时刻往往是由创伤性事件触发的，但时不时会发生尤其重大或开心得要昏过去的事情，然后你知道没有回旋的余地。还记得你最好的朋友告诉你她怀孕的时刻吗，或者在某个假期，你离开了自己出生的国度，在一个新地方安家？

自然而然的选择

曾经有一个女人就是这样。安娜要去往三个不同的国家、跨越三个大陆开始全新生活，在飞机离开停机坪之前，她意识到自己过去的生活连同所有的计划和梦想都消失了，生活也将变得不同。

20 多岁的安娜刚刚结婚，对冒险充满激情。2013 年，安娜和丈夫迈克离开肯特，来到灯火辉煌、熙熙攘攘的纽约。这是冒险的开始，之后他们回了欧洲，又去往泰国并在那里安家。34 岁的安娜形容自己对旅游上瘾，所以作为一个旅居国外的人，为了生活打包上路从各个方面来说都是自然而然的一步。她说："我年轻时从未想过在国外生活，但我一直喜欢旅游。除了家人和朋友外，我什么都不想念。我们生活在一个全球化的世界里，你可以从国外获得你所需要的一切物质。"

对于安娜、迈克和他们的两个儿子（四岁的哈里森和两岁的迪伦）来说，环游世界，敞开心扉迎接全新的体验、人和文化是奇妙的经历。

但也不是没有挑战。安娜在纽约生大儿子时难产，身体不适，但是身边没有其他人帮忙，这种状态持续了好几个星期。她说："我现在绝对比以前要坚强。我在国外生了两个孩子，第一个儿子出生后就住进了医院，那段时间对我来说真的很困难，因为这是我的第一个孩子，身边却没有任何家人。但当你别无选择只能自己扛的时候，那段经历也是很难忘的。"

这种抗逆力在曼谷帮了她一把。2019 年早些时候安娜全家搬到曼谷，而迈克在孟加拉国工作，只有周末能和家人见面。安娜的坚毅终得回报，她与一些国外同乡建立了深厚的感情，这是她在国外生活的一大优势。他们有独特的生活方式，这些都是在艰难的环境中形成的，包括如何处理家庭问题、照顾年幼的孩子以及缓解思乡之情。

拥抱每一次体验

安娜说："我们热爱自己的生活。游历不同国家，感受不同的文化，这些听起来不可思议，但是在过去的五年里，我遇到了一些很棒的人，他们成了我永远的朋友。"安娜正在为个人和家庭开拓的生活是她打算一以贯之的——她并没有计划在不久的将来回家。给她的生活带来改变的经历每天都在发生，包括看到从未见过的美妙风景，参观每一座令人叹为观止的寺庙。对一个决定让生活焕然一新的人，安娜的建议是什么呢？放手去做吧。

"如果不成功，你至少可以回家。也许你会有最好的生活经历，"她补充说，"给自己时间去尝试。我认为至少需要六个月才能安顿下来，特别是如果这是你第一次换地方生活。全心全意结识新朋友——去健身房、参加跑步俱乐部或烹饪班，在孩子的学校帮忙——去任何你能见到不同的人的地方。最后，无论是为小宝宝买会唱歌跳舞的婴儿推车，还是办理健身房会员卡，抑或花时间打电话回家，尽一切努力让自己活得更轻松，让自己快乐。"

对冒险说"是"

安娜的生活，在她对做出重大改变说"是"的那一刻就永远改变了。从表面上看，这是一个简单的词，但它充满了可能性和潜在的新体验。有些时刻，时间静止不动，但你自己心里清楚你的生活已经改变。对令人兴奋的事物开心地说"是"，对冒险说"是"。面对恐惧和困惑，回答也可能是"是"，但更重要的"是"是把握好一天，体验奇妙的生活。在任何情况下，你都要找到自己。

当生活因为消极而改变时，你更有理由选择一条完全不同的道路。这条路也许很可怕，很难走，但这并不意味着它不值得。你的"是"会带你去哪里？

插画：MATT CHINWORTH

正念

◪ *mindfulness* ─────

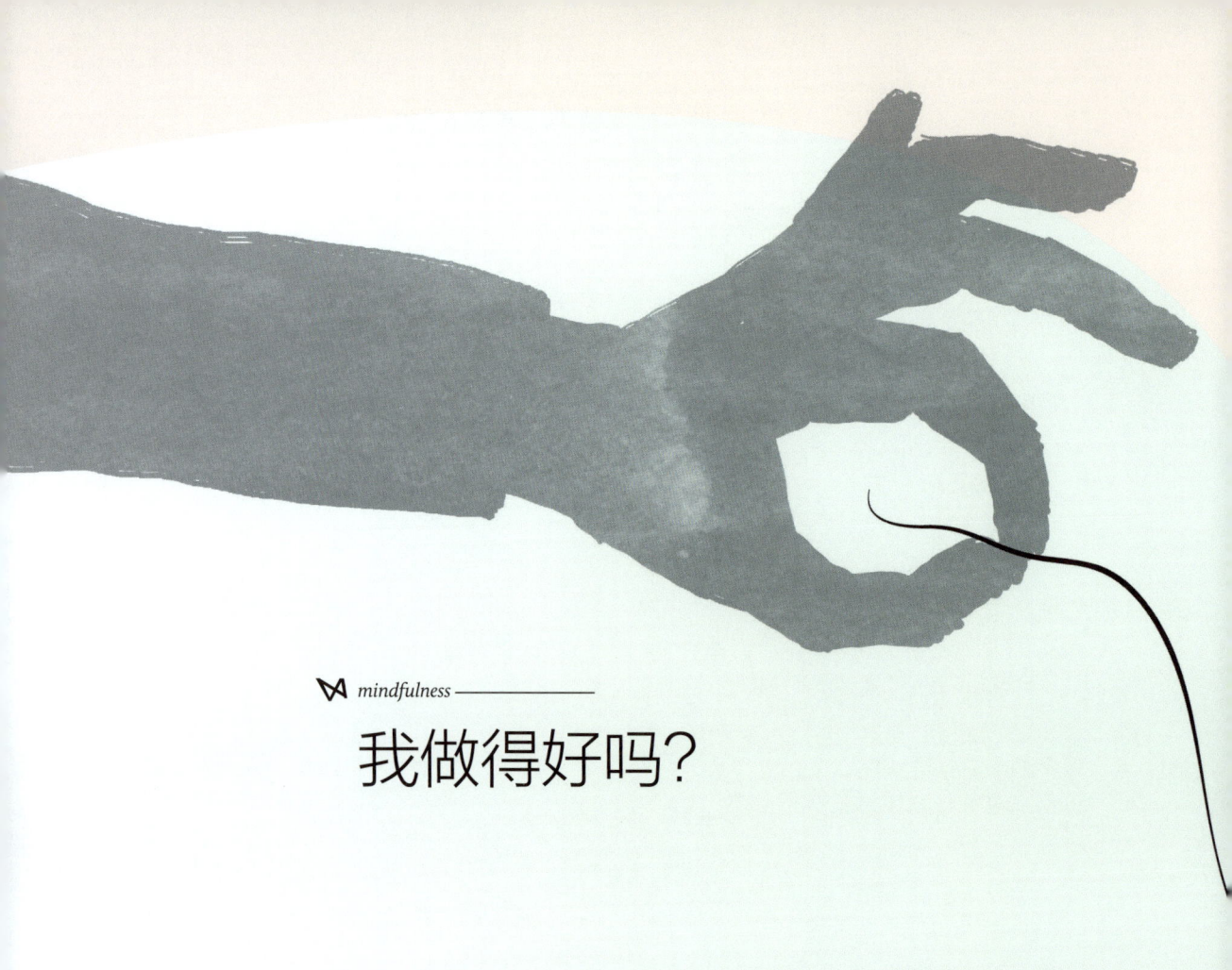

我做得好吗？

为什么向经理寻求认可并不总是能得到答案？

作者：
莎拉·梅纳德
Sarah Maynard

自我价值感和确认感可以从许多不同的来源中获得，包括家庭教育、友谊、人际关系和社区。它本质上是一种信念，即这样的你已经足够好了，你要意识到并接受自己的内在经验、思想和情感。

工作是寻求认可的一个常见领域。外部验证对于那些在其角色中得到支持、提升和准确观察的人来说是可行的。但有时对外部验证的依赖可能会产生问题。如果别人告诉你你在一个项目或客户服务上做得很好，你就觉得自己够好了，那么如果这样的角色不存在了呢？如果你所在的公司破产了，你又如何处理产假的问题？

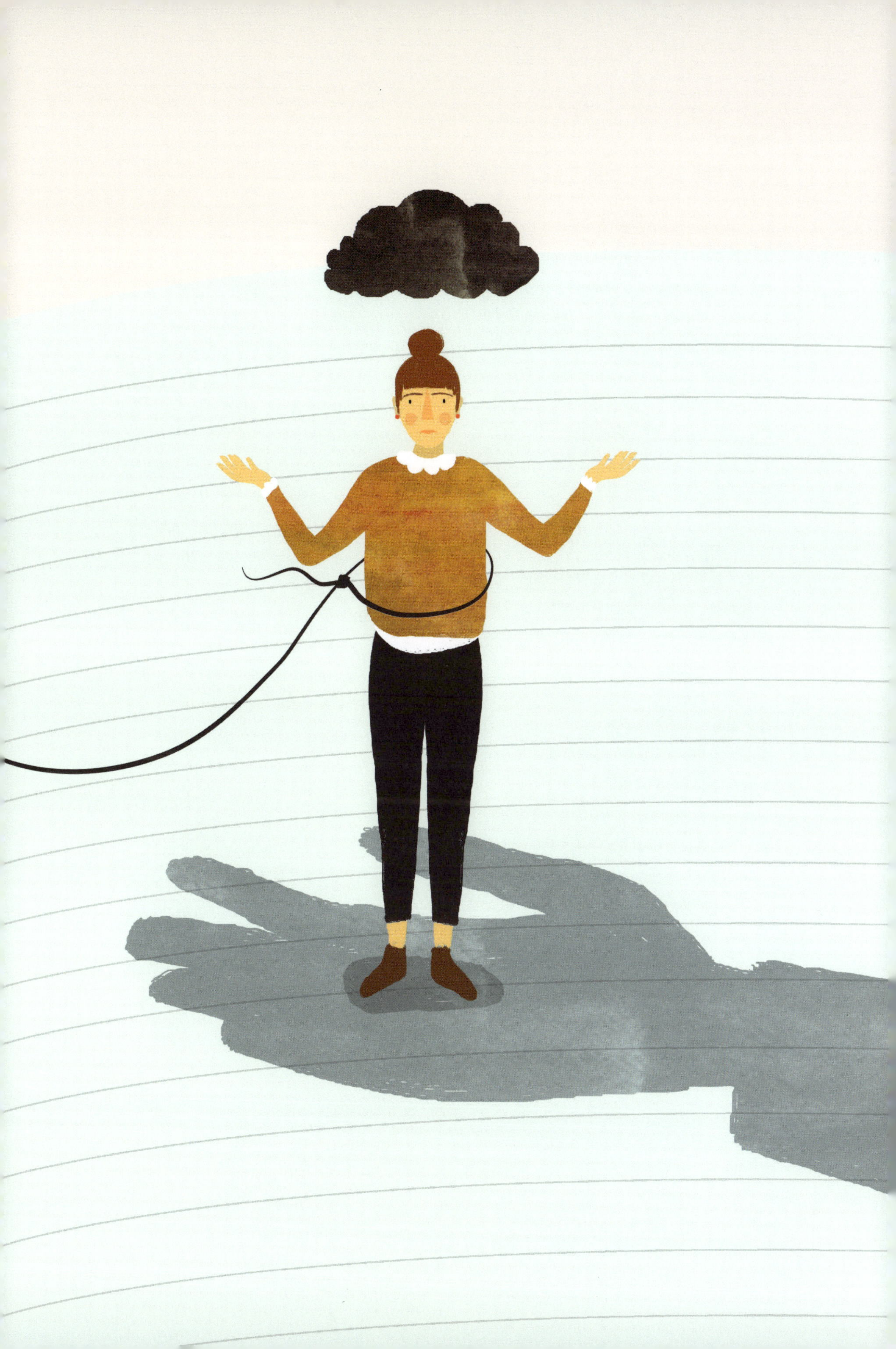

外部认可

孩子们经常从家庭和学校环境的反馈中了解自己是"好"还是"坏"。考虑到大多数年轻人花很多时间接受教育，我们很容易理解为什么这种外部认可如此重要。这也解释了为什么在成人生活中，教室被办公室或车间等取代。对一些人来说，过分强调在校期间或后来的工作中对外部认可的依赖会使自我认可变得困难。而且，你会更难忽视别人的意见（或沉默），也更难感知到自己做得很好，可以为别人提供很多帮助。

在工作中寻求认同感本质上并不是一件坏事。工作场所是一个设定目标、提高自尊的竞技场，还提供了学习新技能的机会。但当它成为你寻找或获得此类认同的唯一场所，就会出现问题。如果有一段时间你的业绩下降，或者部门经理换人了而接替者很难给你相应的反馈，你还能自我感觉良好吗？

个人贡献

有几个方面影响着每个人在环境中的工作方式以及他们能从中得到什么。

- 依恋方式可以被看作一种内在的工作模式，当年轻人感到痛苦或威胁时，这种模式会促使他们寻求与他人的亲近。成人依恋，主要有四种不同的类型：焦虑型、疏离型、恐惧型和安全型。如果一个人属于其中一种，那么他的人际关系、处理压力的方式和工作表现都会受到影响。

- 焦虑型的人可能更担心是否被同事接受，害怕得不到支持，怀疑自己的能力。此外，任何没那么热情的反馈在他们看来都比预期更糟糕。
- 疏离型的人可能表现得更自主，这往往却对他们不利。他们会发现自己很难请求和接受他人的帮助。
- 恐惧型的人在工作场所中会表现出焦虑，有时会感到工作陷入僵局或瓶颈，因此他们更容易被困难打倒，然后得出自己无力应对的结论。
- 安全型的人很可能以最有效的方式管理他们的工作、时间和边界。他们不太可能依靠他人来获得确定感，而且可以更有效地对自己的工作表现或价值做出精确的评估。

肯定的作用

大多数人在某一时刻需要并寻求肯定，这有助于支撑他们在生活中更有信心地前进。然而，不断寻求这种肯定可能会适得其反，助长焦虑，因为这表明你无法相信自己的判断。

如果你发现自己有这种趋势，那么你需要对寻求肯定的频率设定限制。这需要一步步来，比如你可以限制为每天一次或每周一次，或者限制自己在某些角色或项目上寻求肯定。开始的时候，减少反馈可能会让你感到更焦虑。有时候，想想你所信任和尊重的人，想想他们的意见和观点，问问自己在某种情况下他们会建议你怎么做，将对你有所帮助。

缺少外部验证时

工作环境不仅是个性、技能、能力的博弈，还有复杂的人际关系。不管你在工作中带入多少个人色彩，总有人和你的风格不搭。在可能的情况下，外部验证有助于人们不偏不倚地看待形势。你有没有可信任的人能帮助你评估你的部门经理是否受人支持，或者帮你评估部门经理的方法是否会阻碍你推进工作？就此展开讨论可以澄清一个问题，即你对验证的个人要求是否影响了你的感受和感知。

如果你认为你的老板可以合理地调整自己的行为，为你提供更多的反馈和支持，那么你就想方设法接近他们。如果你即将迎接年度评估，接近老板将是一个很好的开始。如果老板一般不愿给出具体的反馈，你可以要求他们讲一个你表现良好的例子，以及一个你可以做得更好的领域。这是他们对你的表现给出更可靠的评估的开始。

关注工作之外的事物

有一些方法可以减轻对工作中的验证的过度依赖。首先，你可以试着培养更强大的自我验证能力——相信自己和自己的能力——同时关注生活的其他方面，包括家人和朋友。加强自我验证有助于建立职场反应力，特别是在出现剧变的情况下，比如裁员或公司项目裁减。

最重要的是，你要经常提醒自己，工作只是生活的一部分，而不是你人生的全部。

插画：SARA THIELKER

正念

提升工作中的自我认可能力以及在其他领域增强自我价值感的方法

- 列出在过去六个月或一年中你觉得自己做得很好的事情。为了得到这些结果，你做了什么？
  ....
  ....
  ....

- 你认为未来六个月你的学习需求和发展点是什么？你如何才能在向前推进中获得支持？
  ....
  ....
  ....

- 在工作场合接受表扬或批评前，考虑你是否认同这些表扬或批评，这有助于将依赖他人进行外部认可的需求降至最低。当你对反馈持赞同态度或有异议时，请深入思考。
  ....
  ....
  ....

- 你在工作中能采取什么有用的应对方式？"经理的批评或缺乏反馈，能更好地说明他们是什么样的人，但是对我没有太大影响"或者"即使没有当前的工作，我仍然是有价值、有所贡献的人"。在这里列出其中一些例子。
  ....
  ....
  ....

- 记录过去或现在生活中能给予你自豪感或目的感的其他领域。有没有一些活动可以增加？或者你发现自己认为在这些其他领域做得不够好或不够有意义而认为它不重要？
  ....
  ....
  ....

mindfulness ———————

沐浴在简单之中

作者：
鲁比·迪沃伊
Ruby Deevoy

在西方，早上快速冲个澡已经成为一种生活习惯。这是快速简单而有效地激活感官的一种方式，可以让你为接下来的一天做好准备。然而在日本，日常清洁是完全不同的一个概念，目的也更为专一。欢迎来到日式沐浴的世界，这种古老的沐浴仪式鼓励人们拥抱生活中最简单但最令人满意的感觉。

花时间放松、冥想和安抚情绪是很容易被遗忘的事情，或者人们会把这些事情先推到一边而不是想着"完成"。但事实上，照顾好自己才是最重要的。用浴盆沐浴是一种古老的日本沐浴仪式，是一种近乎沉思式的自我关照活动。以一种专注的态度去体验日式沐浴，这一点很重要。几千年来人们通过日式沐浴让自己得到放松，心境变得平和，时至今日大多数人仍能在自己家中体验日式沐浴带来的好处，它已经完美地转化为一种奢侈。

日式沐浴告诉我们一件事，自我关照并不是自私。如果你头脑清醒、身体健康，又拥有一个快乐的灵魂，那你的存在对周围的人来说更加有益，尤其在照顾他人时。还有很重要的一点，要记住一个人只能付出和得到一样多的爱。幸运的是，把灵魂带回最基本的状态——平静、毫无压力的快乐，这并不总是需要太多的时间。

有目的地沐浴

每天洗澡或淋浴已经成为一种常态，因此，人们很容易低估甚至忘记泡热水澡的好处。然而，水疗法，即利用洗澡治疗和减轻疼痛，已经在世界各国推行了几个世纪。日本在全国范围内充分利用一些温泉作为公共的沐浴场所，冰岛、新西兰、土耳其、意大利、美国和英国的居民也采取了类似的做法。多年来，已经有大量的科学研究证实长久以来宣扬的洗澡对人的好处。

俄勒冈大学在2016年发表了一项研究，表明定期的热水浴可以降低血压。心理学家尼尔·莫里斯对80个人进行了调查，发现洗澡可以减少抑郁和悲观情绪。日本健康与研究中心、东京城市大学和自治医科大学进行的一项随机研究显示，与洗澡相比，沐浴的受试者疲劳、压力和疼痛明显下降。有目的地沐浴在日本文化中并不是什么新鲜事。平安时代（794—1185）的文献中提到了温泉，而浴盆和温泉设施据说是由人们共享的，直到江户时代（1603—1867），私人的家庭浴室才越来越普及。如今，在日本1.27亿公民中，几乎每个人每晚都沉迷于在家庭浴室中沐浴。

对他们来说，这不是奢侈品，而是必需品和古老的传统。许多人喜欢在家里沐浴，而有些人则专门去公共的温泉沐浴，沉浸在自然中同时洗去一天的辛劳。但是，无论一个人选择在哪里享受日式沐浴，其目标总是一样的——在忙碌的日子结束时创造一片平静的绿洲，找到宁静。

掌握一点专业知识，在家里就可以轻松享受沐浴仪式，你甚至可以在这个过程中融入芳香疗法，获得额外的健康益处。日式沐浴传统的浴盆是用日本柏树制成的，从浴盆中渗出的天然油脂让空气中充满了温暖的香味。

在没有木盆的情况下，你仍然可以享受真正的地道体验，方法是将柏树精油滴入洗澡水中（用香薰疗法的术语来说，这是因为柏树精油具有镇静而又令人振奋的特性，以及提升精神意识的能力）。

插画：IRINA PERIU

mindfulness

准备好感受日本的沐浴仪式了吗？

创造你的仪式

日式沐浴追求的是整体的体验，就像沐浴本身一样，因此，要获得沐浴的全部效果，应该遵循的步骤之一就是为此做好准备，这样才可以创造一个与众不同的世界。

沐浴之前，首先要做的是创造一个没有杂乱物品和其他干扰的空间，以保持大脑平静。一个干净整洁的房间有助于促进内心的平静，所以把所有常见的海绵、香水和洗发水从视线中清除是很重要的。你什么都不需要，因为在下一步骤中你就会发现清洗是在淋浴间单独进行的。通常情况下，连毛巾都要放在另一个房间，一件浴衣是你唯一需要的东西。

洗掉一天的辛劳

真正的沐浴只是为了舒缓身心，所以我们的想法是事先用淋浴冲刷掉一天中的各种压力和繁杂思绪。尝试使用手工制作的芳香产品，让自己沉浸在自然的香味中。把它们放在篮子、盒子或桶里，和干净的毛巾与浴袍一起放在另一个房间的橱柜里。当你准备淋浴时，带上这个容器，里面只装你需要的东西。

传统意义上的淋浴指坐在木凳上，用木桶把水倒在身上冲洗。这种方式可能在许多现代房屋中不太适用。但重要的是，记住这种清洁是仪式的一部分，所以请试着集中注意力，用水冲刷身体时花时间专注于现在。

一旦冲洗干净了，你就可以进入准备好的热水浴。

专注

沐浴时，试着躺下来，让水刚好没到你的脖子，这样就可以充分感受沐浴的疗愈。相比于英国那种又长又浅的浴缸，日本的浴缸更短、更深，这样更容易以舒适的状态坐在水中，而水刚好没过肩膀。

在这短短的时间里，完全沉浸在沐浴中。周围的一切只有宁静，这是一种欣然接受的平静、一种新发现的宁静之感，你确信一切都会好的。用14世纪英国诺维奇神学家朱利安的话说："一切都会好的，一切都会好的，一切都会好起来的。"

*如果你问那些有创意的人是如何做到某事的，
他们会觉得愧疚，因为他们不是真正做到了某事，
而是善于发现。他们只要观察一会儿，
就会很快弄明白。*

_ 史蒂芬·乔布斯

插画：KATIE TOMLINSON

创造力

CREATIVITY

creativity ────────

当艺术进入生活

作者：

劳拉·加布里埃·费西
Laura Gabrielle Feasey

艺术可以让人快乐。那为何不把艺术带回家呢？

科学已经证明，欣赏艺术能让人感到快乐。我一直以来都知道艺术可以让我快乐。年轻的时候，我每个月必去一次博物馆或者画廊。对我而言，回到童年的幸福之地仍然是一件非常特别的事情。伦敦大学学院的泽米儿·泽基教授开展了一项研究，证实艺术可以让人快乐。

事实上，艺术会让你感到无比快乐，仅仅是看到一件艺术品，你的大脑就会产生与恋爱相同的反应。也许，这就是为什么几个世纪以来，很多人都为波提切利和莫奈着迷。

如果参观画廊和欣赏喜欢的艺术作品可以让大脑产生一种幸福的状态，那么为什么不尝试在自己的家里再现那些令人振奋的感觉呢？当然，你可能不会把意大利文艺复兴时期的作品挂在墙上，但是你可以从收集一些适合的作品开始。有很多作品可供收集，而且同样可以让你产生愉悦感。

我经常梦想着走进伦敦皇家艺术学院，挑我最喜欢的作品买回家。把画廊里深深触动你的一件作品带回家，挂在墙上每天欣赏，那是多么美妙的感觉啊！

创造力

"艺术将日常生活的尘埃从灵魂中冲走。"

巴勃罗·毕加索

值得一提的是,对艺术的热爱和对衣服或鞋子的热爱不同——时尚潮流更替,审美也会发生变化。相比之下,对艺术的热爱更出自本能,而且持续的时间会更长,远远超过对一双当季高跟鞋的热爱。

比如,每次走出浴室,看到墙上悬挂的旧画作,我就会心情愉悦。那是大卫·霍克尼创作的《大水花》(*A Bigger Splash*)。这幅画让我想起小时候的情景,爸爸给我介绍这幅作品,并让我在画册上尝试画霍克尼式蓝色迷彩图案游泳池。虽然当时年纪还小,但我也想全身心投入艺术的世界,感受那种愉悦和快乐。

卡尔·弗里德曼画廊经理、countereditions.com(艺术品线上商店网站)的负责人罗伯特·戴芒认为,当生活与艺术作品产生联系时,爱与恨往往在一线之间。罗伯特说:"有些作品(事实上,我认为是最好的作品)会让我不断地陷入爱与不爱的循环。我对它们的喜爱可能变成一种愤怒,简直就像它们在挑战我一样。在接触艺术之前,我从未想过会发生这种事情,但最好的艺术确实可以做到这一点,它可以像人一样激起我们强烈的感情。"

然而,以高额投入和严肃知识著称的艺术界可能让人望而生畏。但艺术收藏并不需要你是专业人士或百万富翁。大多数专家会告诉你,先聆听自己的心声,然后开始收集,其中有一些相当美妙的东西可以体味。

如何开始艺术收藏

1 搜索照片墙，寻找崭露头角的艺术家
照片墙为全新的用户群打开了艺术世界的大门。视觉在线平台是艺术家展示作品，与粉丝建立真实联系的好地方，许多买家正在该平台寻找新的作品。

2 你可以寻找比原作便宜的印刷版
收集印刷版是开始艺术收藏的好方法。印刷版是艺术真迹的复刻版本。艺术家们通常会制作少量的印刷版本，并进行编号和签名——它们的成本比原作低，但仍然是一件很有价值的收藏品。

3 为你的旅行纪念品装框或在旅行中收集物品，建立你的个人艺术收藏
我小时候就在美术馆收集明信片，现在也一直在收集。这可能不是一个开创性的原创艺术品收藏，但它们对我而言与众不同——每一张都是我在世界各地参观展览和画廊的记忆。明信片易于装裱挂放，每隔几个月我就会调换明信片的摆放位置，所以每个月都有轮值收藏品。

4 花点时间探索画廊和博物馆商店
我最近在伦敦最受欢迎的一个博物馆——华莱士收藏馆里找到了一张印刷品。博物馆和弗里达·万纳伯格都是我的心头好，这幅作品恰巧是两者的结合。

5 参观预算友好的艺术博览会
像伦敦斐列兹这样的艺术博览会可以作为深入了解艺术的方式，而且逛艺术博览会是一件令人兴奋的事情。如果你是一个初学者，想买些艺术品，那么"买得起的艺术博览会"是一个试水的好地方。

6 试着打破常规
大多数人提到艺术就想到挂在墙上的画作，但艺术的形式远不止于此，还有很多其他的选择。正如罗伯特所指出的，从特蕾西·埃敏的茶壶到大卫·施莱利的杯子、扁酒瓶和多米诺骨牌，"如今许多伟大的艺术家都在创造精彩的作品"。

7 谈论和收听艺术主题播客
谈话是学习和认识艺术家的好方法——尽可能和艺术家交谈。如果不能，试着收听艺术播客也可以。罗伯特与演员兼艺术收藏家拉塞尔·托维参与的《谈话艺术》播客里就有艺术家访谈内容。用罗伯特的话说，采访的目的是"接近艺术"。

creativity

精致之美

2019 年是"国际年度园林摄影师大赛"举办的第 12 年,镜头聚焦于我们的花园和自然世界,发现其中的奇迹。下面刊选了《呼吸》最喜欢的几幅作品。

莱伦·布戈涅－罗伯特（Lelen Bourgoignie-Robert）

入围奖，组别：美丽植物

《转瞬间》，圣马丹代孔贝，法国多尔多涅省

这一作品集探索的主题是时间和美。令人难以置信的是，一些事物在片刻间就能产生经久不衰的影响。

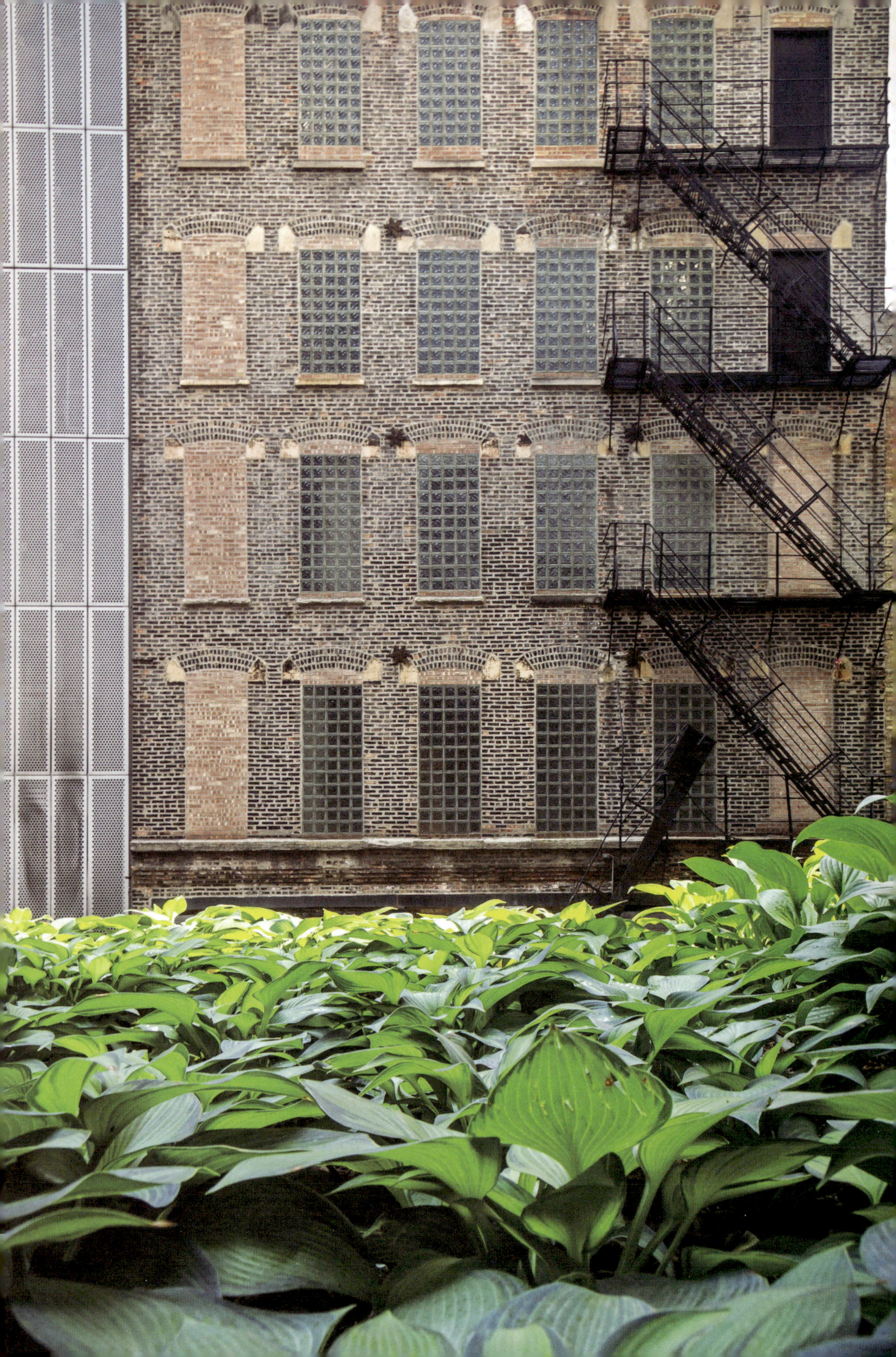

乔尔·波特菲尔德（Joel Porterfield）

银奖，组别：城市绿化

《卡罗尔大道绿地》，美国伊利诺伊州芝加哥市

左图：卡罗尔大道是一条位于旧铁路线上的内城街道，该铁路线穿过芝加哥的市中心。这些植物是对街道上方高架人行道的现代美化，但百年建筑背面的景象则会使人们想起该地区的历史。

凯瑟琳·弗瑞（Kathleen Furey）

金奖，组别：美丽植物

《荷花探戈》，凯尼尔沃思公园和水上花园，美国华盛顿特区

上图：水上花园展出的荷花各个生长阶段的都有，但是偶遇两株荷花的茎缠绕在一起，犹如在跳舞，这是意想不到的事情，十分神奇。

乔·斯蒂芬（Jo Stephen）

高度好评奖，组别：抽象概念

《樱花》，英国多西特郡

上图：为了呈现令人欣喜不已的樱花绽放的画面，既利用了鲜花本身又借助了周围环境。

利兹·皮特莱特（Lizzy Petereit）

高度好评奖，组别：抽象概念

《另一边》，德国不来梅市

上图：花的背面通常是被忽视的地方。该作品从底部入手，寻找吸引人的主题，使用伪彩色效果突出罂粟花的迷人及其结构和形状的趣味。

◊ *creativity*

为苔藓球而狂

根植于漂亮苔藓球中的室内植物是日本最新的园艺趋势——那么 kokedama 是什么，如何创造你自己的 kokedama？

作者：
霍莉·法雷尔
Holly Farrell

谈及室内植物的趋势，日本的 kokedama 艺术可能听起来像是新生事物，但它其实是最古老的植物展示方法之一。

kokedama 按字面意思翻译过来为"苔藓球"，与盆景园艺艺术密切相关，苔藓球是一种完全不需要盆栽的园艺形式——当今的气候状况下，人们在使用塑料时更加谨慎，而苔藓球植物非常环保，只需将植物的根系包在黏土中，然后再用苔藓和细绳包裹即可，这可能算是环保的一种额外收获。按照传统，这种植物既可以放在桌子上的茶碟里，也可以悬挂起来——许多时髦的城市园丁会在照片墙推送苔藓球植物的状态。

传统的苔藓球十分需要耐心。植物最初在一个小盆中生长，随着植物生长，根须会完全缠绕在一起，这时才能移走植物并将其根部包裹在泥土和苔藓球里。一个更为极端的室内植物形式是 nearai（根洗）风格，植物的根繁茂时将其从花盆中取出，然后直接放在一个支架上。这两种风格传统上都将植物作为独立的样本展示，植物因其根茎等自然之美得到珍视。

这种风格和佗寂之美（wabi sabi）原则有着密切的联系。经过多年的重组和演变，这些古老词汇的意思变成对不完美和瞬态事物的欣赏。如果我们承认生命是混沌，而美稍纵即逝，就会更加理解和欣赏这些词汇。全部用植物做展示——用苔藓代替光滑的盆器——可以从更细微之处研究苔藓球植物。

我们今天所熟知的苔藓球，很大程度上要归功于一位名叫费尔多·范德瓦尔克（Fedor van der Valk）的荷兰艺术家，他是悬挂苔藓球植物的先驱。他通常会选用树木幼苗，将草种撒在苔藓球中，让植物展示生命力。

创造力

无论是单独悬挂苔藓球植物，还是成组悬挂做成"线串起来的花园"，看起来都不错。对于想充分利用空间的人来说，悬挂式苔藓球植物是明智的选择。

2018年，卡罗琳·邓斯特为皇家园艺学会（Royal Horticultural Society，简称RHS）的马尔文春之节打造了一个由苔藓球植物组成的花园，这一创作灵感源自日本。她解释说："日本的室内和室外空间都很紧凑，悬挂式苔藓球不需要太多空间就可以展示植物的美。"

利兹植物设计工作室"植物室"（The Plant Room）的创始人佐西亚·伯基塔－刘易斯使用苔藓球兰花和矮鸢尾作为装饰植物，为餐厅、商店和杂志拍摄系列展示照片。她丝毫不在意苔藓球植物的流行趋势是不是由社交媒体推动的，并说道："很多人可以在网络平台上看到苔藓球植物，（在照片墙上）收藏或者点赞，然后他们就会想要拥有。但我认为，如果这种方式能让人们接触到大自然以及各种他们可能从未遇到过的不同的园艺技术，那就太好了。"

马修·波特是位于萨里的威斯利皇家园艺学会（RHS Wisley）花园的负责人，他在伦敦的小公寓里养着大量的植物。他也认同目前主要是年轻人和有风格意识的人在使用苔藓球植物这项技术。他说："苔藓球让人感觉既新鲜又与众不同，这不是20世纪70年代的复兴产物吊兰。所以我认为，对于那些总是想尝试新鲜刺激事物的人来说，苔藓球再合适不过了。"

"培养、种植和观察植物生长是一件有益的事。照顾植物的消遣时光让人平静又放松，对身体也有好处。"

如果我们不能外出走近自然，那么将自然带入我们的生活也行得通。室内植物为我们紧盯屏幕的疲惫双眼提供了一个放松的绿色背

景，为死气沉沉的办公室和空落落的窗台带来了生机。研究表明，只需在房间里添置一些植物，就可以有效减轻头痛、减少疲劳和压力，改善心情，提高注意力的持续时间和集中度。

室内植物也有助于净化家庭和办公室的空气，还能对抗病态建筑综合征的症状，包括眼睛、鼻子和喉咙不舒服，头痛，疲劳和易怒。这些症状都是由空气中各种毒素积聚造成的。一些植物会在光合作用过程中吸收并捕获这些（对自身无害的）毒素。

相较于标准的室内植物，苔藓球植物会更有益于健康吗？也许是的。把一株苔藓球植物单独放在碟子上、桌子上或石板上，就像把它放在祭坛上一样。如此一来，人类可能会给予该事物更多的时间和尊重。

与大多数标准室内植物相比，苔藓球植物需要更多关注，浇水也要更勤。这也可以让我们更加关注周围的环境。家养室内植物很容易变成家具的一部分，因为它们本身不太容易引起人们的注意。这也就是为什么很多关于室内植物的书籍把关注点放在如何才能轻松打理植物，什么品种可以不用管也能活得很好上。

如果不加以培育和珍惜，苔藓球植物很快就会枯萎，这就迫使我们观察它、欣赏它。正如若莎所说："无论是挂起来还是放在陶瓷板上展示，苔藓球植物都会创造出最美的雕塑球体，将植物变成活雕塑。"

插画：LAURA BACKEBERG

创造力

creativity

如何制作苔藓球

要在根部周围做黏土或土壤苔藓球,你需要泥炭苔藓或腐叶土、赤玉土(一种黏土含量高的专业盆景土壤)和苔藓,最好是片状的苔藓。你还需要线或打蜡的绳子。

把所选的植物从盆里拿出来,小心地放在一边。用盆子量出 2/3 的泥炭苔藓或腐叶土和 1/3 的赤玉土。倒进碗里,加水搅拌,直到混合物有黏性,达到一种可塑的稠度。

摇动或清理掉植物根部的大部分土壤或堆肥,然后在根系周围把新的苔藓"土壤"做成球状。把苔藓尽可能紧地缠在根系球周围,用绳子固定,纵横交错地缠绕。如果你打算把苔藓球挂起来,就在上面加一个环。

使用哪种植物

基本上任何一种植物都可以做成苔藓球,多年生植物和树苗最佳,而且植物生长速度越慢越好。虽然大多数室内品种都可以,但是尽量避免选用叶子大而薄的植物,这类植物容易失水。

合适的植物

- 大多数蕨类和叶类植物,如芦笋蕨类(武竹)、铸铁植物(一叶兰)、燕窝蕨类(鸟巢蕨)和红掌(红掌属)。

- 多肉植物比多叶植物更耐旱,也可以使用——尝试在苔藓球周围种植一些多肉植物,这样整体造型更立体。

- 更具冒险精神的种植者可以尝试使用兰花。但是这些不需要土壤的附生植物,其根部在苔藓球外生长,需要你花时间和耐心才能把它们充分固定住。

- 诸如雪花莲和番红花之类的鳞茎植物也能使苔藓球更美观、更具季节性。"植物室"的若莎也运用了侘寂之美的原理,使用了"不同生长和败落状态"的矮鸢尾。

照顾你的苔藓球

没有盆保持水分,苔藓球很快就会干掉,你需要定期检查土壤含水量。用手掂重是最好的方法——水越少,苔藓球就越轻。

浇水,将整个根系球浸泡在一桶或一碗水中。如果球体非常干燥,可能需要事先进行称重,浸泡一个半小时后将其捞出。浸泡后的苔藓球,先让其自行滴水,直到没有液体渗出后将其重新悬挂或放回茶托。

根据植物的种类进行判断,有些苔藓球可以挂在外面。室外的雨水有助于保持苔藓球的湿度,但应定期对苔藓球进行检查。

如果用麻绳或细绳悬挂苔藓球,几个月后你要多加注意,因为绳子会自然腐烂,需要进行更换。使用打蜡线是一种不错的选择,这种情况下绳子的状态可以更持久。

◇ creativity ———

创作始于咖啡馆

想寻找创意火花？释放压力，走进当地的咖啡店吧。

作者：
史蒂芬妮·拉姆
Stephanie Lam

你有没有曾想要创作什么的冲动，但是又不知道从何开始？即使你从未拿过画笔或者从未编过故事，你仍然会被表达内心想法和情感的需要困扰。当你有想要创作的冲动时，如果你已经感受到内心的悸动以及感官上的兴奋，你就会明白这意味着什么了。

然而通常的情况是，无论你富有创作经验，还是只是一个新手，都会因眼前那张白纸而感到沮丧。当你手边有一个全新的世界等你创造，知道从哪里入手似乎是最为紧要之事。无论你渴望绘画、雕刻、创作音乐还是其他什么事情——任何创造性行为都始于最初的火花和创作的冲动。所以，当你有冲动并且在寻找火花的时候，去哪里能找到它呢？

我曾经认为，要想发现创意的火花，我必须坐在台式机或笔记本前，等灵感浮现。也许有时灵感会在上述情境中迸发——但对我来说，身处工作环境是让任何可能出现的火花熄灭的最佳方式。

创造力需要培养。在寻找灵感最初的阶段，任何火花都需要被关注，需要一种快乐与探索发现的心态。我付出代价之后才领会到这一点。过去，感受到创作压力时，我会努力在电脑前坐上几个小时不停地打字。如果我捕捉到某一想法的小片段，我会立即开始写，而不是让它继续发展，开花生长。结果呢？写出来的故事没有核心力量，不知道重点在哪儿，情节也不吸引人。

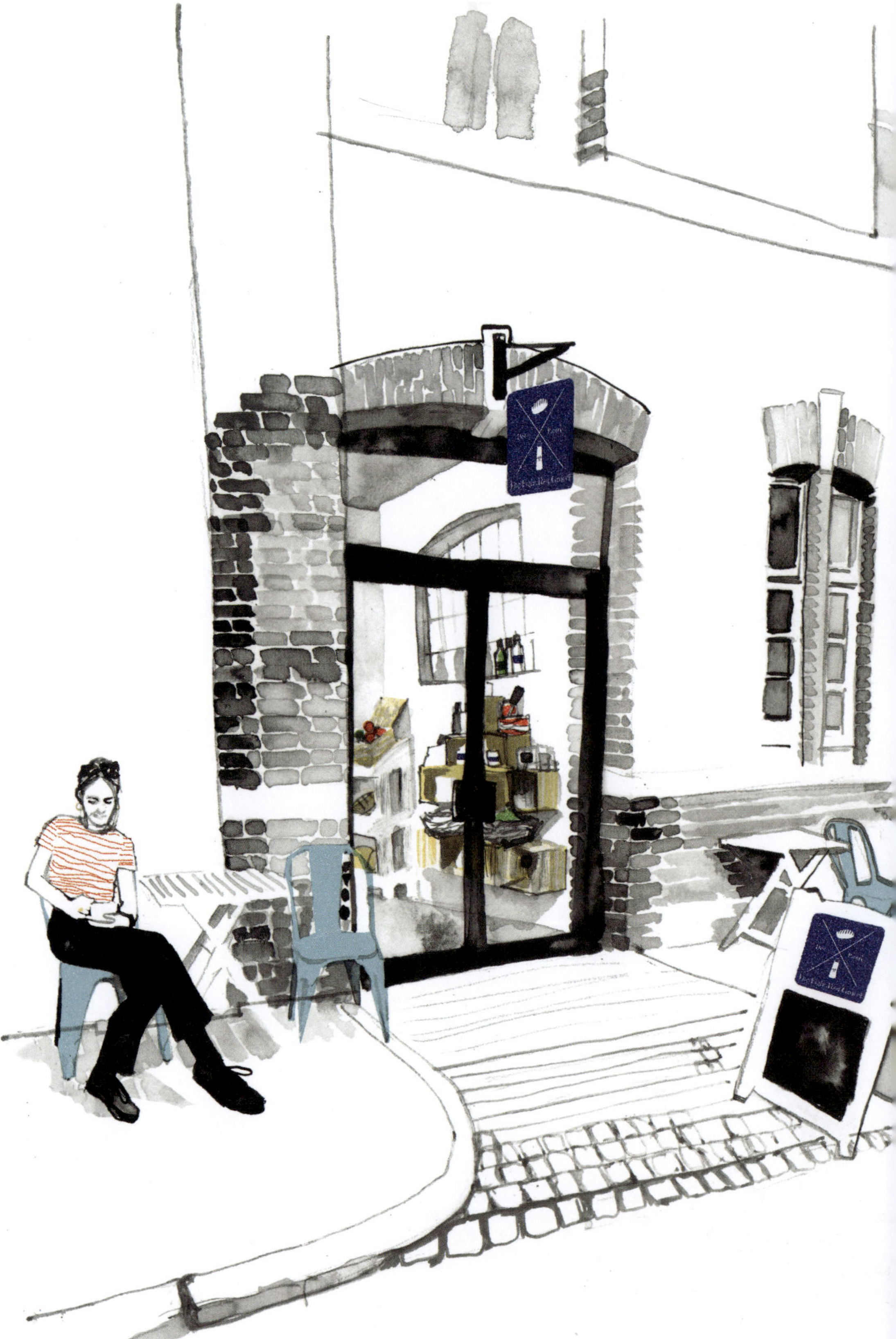

我开始意识到，当我的压力得到释放，创造力的火花就会迸发。当你不再期待创作出完美的艺术作品，让你的大脑对意料之外的事物敞开心扉时，空前的灵感就会出现。

把笔记本留在家里

对所有在创意领域工作的人来说，无论是为了钱还是出于纯粹的热爱，当地的咖啡馆通常都是可供选择的工作场所。家里随处都会分散你的注意力，而咖啡馆提供了一个可以花钱买到时间的场所，花费（通常）不超过几英镑。我第一本小说的大部分章节都是在一家古怪咖啡馆的楼上房间完成的，这家咖啡馆位于东苏塞克斯郡布莱顿巷区中心，周围是怪异的老式商店人体模特。

一次试图完成短篇小说的失败经历，使我偶然发现了咖啡馆能激发我的创造力。而且是通过特意把笔记本和素描本留在家里。在一个阳光明媚的早晨，随手在笔记本上写了几个不尽如人意的点子后，我放弃了所有的创意尝试，起身去散步。散步时，我路过一家面包店，店外朝阳摆放着一张桌子和一把椅子。我一时兴起，坐下来要了一杯咖啡。我没有什么可写的，思绪空荡，也没有创作压力。我让自己的思绪自然而然蔓延开来，然后回家继续我的创作。

不知怎的，在咖啡馆外面的半个小时里，我突然有了灵感。我的不同经历融合在一起，成为构思的曙光。在接下来的几天里，这个构思不断地开花结果，一点一点地在我的脑海中建构。当我开始下笔写这篇短篇小说时，故事已经基本成型了。在没有创作压力的情况下，最初的灵感火花才有空间发展为炙热的火焰。

作为一名作家，我被告知出门一定要带着笔记本，以防随时出现的灵感溜掉。我认为另一种方法也很有用，特别是当你想要释放不得不创作的压力时。不要想着你必须制造出什么东西，让大脑感受周围的事物，这能让大脑不停运转，在不同的想法之间建立联系。如果你有勇气静坐 20 分钟左右不受任何干扰，咖啡店是一个不错的场所，那里极有可能让这一切发生。

脑袋空空如也，独自一人坐在咖啡馆里，很容易感到不舒服、不自然。如今，一个人带着智能手机和笔记本电脑独自外出已经成为常态。即使你设法将手机放在包里，你可能也会忍不住阅读桌上的报纸或拿出自己带的书籍。如果你有创造力，手上时刻握着钢笔或铅笔只是开启创作的一小步。但是，如果你有勇气只是坐在那里，而且不会有任何不适的情绪，意识到你实际上是在用一种不同的方式分散自己的注意力，那么你就可以获得巨大的创造性回报。

观察人的乐趣

观察人是坐在咖啡馆里最大的乐趣之一，这对培养创造力非常有益，但这个概念名声却不好，它意味着孤僻，是半强迫症行为。但我观察人的时候，我不会只盯着一个人看。我允许自己的目光在房间里四处飘荡。或者，最好看窗外，让目光在每个人或每群人身上都停留几秒钟。我不想编造关于他们的生活故事（尽管这本身可以激发创造力），我只是让我的思想吸收我周围的一切。工作的时候，附近经常有人在谈话，这对你可能是一个挑战，因为聊天很难被屏蔽。但是，当你观察人的时候，大脑中会产生只言片语，这可能会触发一段对话，一个角色，一首抒情歌或者一个艺术主题。

这不是偷听，也不是跟踪。我从不偷听别人的私人谈话。我一个人坐的时候，偶尔会有一些人说话声音很大，这时他们奇怪的讨论内容就会钻到我的耳朵里。

那天早上，坐在面包店外面的时候，我感觉自己在生活中是一个局外人。我注意到不远处的桌旁有一辆覆盆子色的婴儿车，我看到对面爱德华时期的红砖房，我看到一个年轻的女人走过。然后我有了这样的想法：如果有人认为他们应该过另一个人的生活怎么办？……我把那个女人、婴儿车和房子放在一起，最后写成了一部迷你惊悚片，叫作《安娜·布莱克的财产》。如果我没有坐在咖啡馆外面让我的思绪自由地游走，我也就不会写下这个故事。

很多故事都是从"如果……"开始的，咖啡馆的随意联想可以提供完美的"如果……"时刻。即使灵感火花和创造力的联系尚不明确，但是坐在公共场所，让大脑"吸收"周围的细节，可能会产生许多火花，而这些火花很快或在将来会演变成创作行为。

你有没有感受过面对一张白纸的压力？如果有，那就把它留在家中。如果你想，回家的时候可以写作、绘画或者创作。但是如果你不囿于这种压力，你可能不仅会发现火花，还会发现孕育后续火花的空间。

creativity

利用咖啡馆激发创造力的技巧

- 如果可以,找一张靠窗的桌子,这样你就可以观察窗外来来往往的人。

- 不要急于掏出手机、书或者电脑。把你的笔记本或者速写本放在包里。

- 让感官充分感受你周围的世界——咖啡和甜点的味道,周遭的喧闹以及可以看到的东西。

- 不要长时间关注某个人、某种声音或者某个事物。几秒钟也许足以激发一个创造性的想法,甚至是在你潜意识深处的想法。

- 如果你是一个故事讲述者,你可能会发现"如果……怎么办?"的想法。这种想法可能不会被有意识地与你周围的任何事物联系在一起。我们通常意识不到观察到的事物之间的联系,以及大脑如何做出解读。

- 不要带有压力。你不能强迫灵感产生。你要记住,即使你不这么想,你的大脑也会一直运转。

最终,个人经历的种种会成为你创作的来源,或许这会发生在很远很远的将来。但至少,你会有段时间让自己感受外部的世界——无论我们是谁,我们都需要这样的体验。

creativity

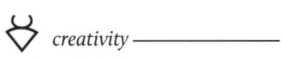

自由之笔

放飞思想，释放情感。

作者：
凯特·奥森
Kate Orson

在生活中，很多时候你会觉得，有些事不说可能比说出口更好。可能是某个朋友、伙伴或同事激怒了你，让你生气，可能是你因过去遭受的待遇而感觉被伤害。

大多数情况下，表达自己很重要。和家人、朋友以及同事的良好沟通对健康和谐的人际关系来说必不可少。但有时候你想说的话是无益的。例如，如果你处于一种无法清晰思考的状态，并且想脱口而出一些伤感情的话，那么你最好保持安静。

但是，然后该怎么处理自己的想法呢？当这些想法很难应对或者你内心觉得它们没什么价值时，你会否认或压制自己的想法。然而，这可能意味着，

> "当我们连自己是谁、想要什么都无法诚实面对时,我们就会让其他人和环境来决定我们的人生轨迹。"
>
> 科特尼·S. 沃伦

当这些所谓不可接受的想法出现时,你会感到尴尬或羞耻,想把这些想法推开,去想一些其他的事情,特别是那些你认为更成熟、更合适的事情。

那些更容易被推开的想法可能被你在心底批判为幼稚或不成熟的。可能你在浏览社交网站时,看到一群朋友出去吃饭但没有邀请你。你内心会建议自己成熟点,不要嫉妒。你可能会对重病的父母发脾气,但内心的声音会告诉你这种消极的想法是不合理的。

你内心的评判标准可能来自你的童年。有些父母和监护人努力告诉孩子什么话可以说、什么话不可以说。但这样做至少有一个明显的弊端。这意味着那些不允许说出来的想法一开始就不该在脑海中浮现。这可能会对孩子产生消极影响,因为大人不允许他们承认这样做很困难。

但是,接受并拥抱所有的想法和感受在情感上是健康的,即使是那些看上去幼稚或不可接受的想法和感受也应该被接受。无法表达的想法会侵蚀一个人,滋生怨恨或沮丧。这些想法还会在一个人无力承受时引发冲突,在这种情境中人们说出的话并非本意。然而,有一种方法可以改善这些情况,那就是写日记,把自己的想法写在日记里不会伤害任何人。试试下面的练习。

如何通过文字和绘画来认识思想

- 思考你现在遇到的难对付的人或是棘手的情况。如果这些都不存在,那就想想那些能让你产生强烈情绪波动(或积极或消极),但是在现实生活中却很难与之交谈的人。

- 拿出几张纸(你可能不想在自己的笔记本上做这件事,但是你可以写在一些随后可以丢掉的纸上),列出你能想到的与这个人或这种情况有关的一切。不要评判、批评或者审查自己的想法。只管写下来,不论它们看起来多么不合理,甚至荒谬。在纸上做回"儿时"的自己,你可以随心所欲,可以狭隘、可以不成熟。你可以使用彩笔或者用那只不常写字的手,这样可以更接近儿时的自己。是否写在线格里、字迹是否整洁,这些你都不需要担心。忘记成年的自己,自由表达。

- 作家兼写作老师娜塔莉·戈德伯格说:"自由地去书写世界上最糟糕的垃圾。"在学校时,写作要求准确性,要写一些"好"的东西。这里不是这种情况,你没有必要关注文字的质量。不考虑拼写、标点符号或语法反而有助于快速写作。当你感觉到强烈的情绪时,最好跟上大脑运转的速度,想到什么就立刻写下来,这样你就可以把自己的想法记录在纸上。随着思想越来越自由放松,大脑运转会逐渐放缓,这可能和我们的直觉略微有些相悖。

这个练习也可以帮助你梳理过去的经历。你可以写一封永远不会寄出的信,写给曾经(可能现在依然是)关系紧张的人。与听不到你说的话(也不会读你的信)的人交谈似乎没有什么意义,但是把自己的话写在纸上可以深刻地改变你的态度,使现实生活中的互动变得轻松,甚至可以让你对某些可能已经逝去的人释怀。

尝试这样做之后,你可能会发现自己的观点发生了转变,并且觉得自己更能够想明白一个人或一种情况。随着情感压力的释放,你甚至可以更明确解决现实生活中的困难时需要说什么或做什么。

creativity

天赐灵感

当礼拜场所变得多余，它将面临一个不确定的未来。但是加上一点创造力和一些建筑上的调整，这些建筑就可以被改造成图书馆、餐馆，甚至是马戏表演的场所。

作者：
特蕾西·卡尔德
Tracy Calder

布里斯托的波特兰广场上，有一座18世纪的教堂，里面有华丽的格鲁吉亚天花板、彩色玻璃窗、石柱和高空秋千。20世纪80年代末之前，圣保罗教堂一直被用作礼拜场所。在那之后，教堂就被木板封起来，留作鸽笼。2000年，教会保护信托基金介入，在遗产彩票基金的帮助下，着手处理漫长繁杂的教堂修缮事宜。

幸运的是，修缮工作进行5年后，一所专攻马戏技巧和形体表演的学校Circomedia正在寻找新的教学场地，而圣保罗教堂的高天花板和宽敞的地面空间刚好符合教学的需求。现在，教堂里除了早期的哥特式建筑，还有秋千设备、独轮车和一个木制的弹簧舞池。如果你觉得自己够勇敢，可以爬上梯子到一个狭窄的平台上，抓住秋千杆从教堂正厅荡下去。

英国教会每年关闭的教堂多达25座。当一个礼拜场所变得多余（或许因为没有牧师，多个教堂合而为一或者当前的使用者不能维持教堂的运营），各委员会会决定礼拜场所的未来。一般来说，教堂关闭有三种结果：改造成适合其他用途的场所，由教会保护信托基金维护或者被拆除。1969年—2011年，英国教会拆毁近500座教堂，1 000多座教堂改为俗用、出售或出租。这听起来可能很惊人，但通过削减未充分利用的资产，英国教会筹集了数百万美元用于运营仍在正常使用的教堂。

"影响深远"的挑战

将旧教堂改造成可用的世俗空间是一项挑战，但这并没有阻止成千上万的业主、企业和社区接手教堂改造。如果你看过英国广播公司第四频道的电视连续剧《宏伟的设计》，你肯定见过情侣们争论如何更好地协调旧石柱的位置，或者在不挡住彩色玻璃窗光线的情况下安装地板。如果你正在考虑购买一座教堂用作住宅，请记住，改造会是一项"影响深远"的挑战，并且你能做什么以及不能做什么都会受限。

这看起来可能不公平（毕竟，你有能力把房子从废墟中拯救出来），但任何一个曾经的礼拜场所在某些时候都会在社区中发挥重要作用，教堂的任何变化对当地人的影响都不应被低估。例如，如果你想买一座教堂，把它分割成几个单元，你可能需要增加窗户或门，这会改变建筑物的结构。这些变化显然会让历史学家们心烦意乱，也可能会引起当地居民的不安，因为居民把这座建筑当作老朋友来看待，看到教堂被大幅改造他们可能会不开心。

替代用途

将教堂改造成商业地产通常比住宅更容易获得使用规划许可。近年来，许多教堂被改造成餐厅、酒吧、电影院、办公室、商店和体育中心，这不必大惊小怪。虽然这些改造仍然被认为是"影响深远"的，但事实上仍然保持向公众开放的状态，并且还可能产生用于建筑维护的收益，这对建筑有利。

教堂的"适当替代用途"建筑的构成似乎在某种程度上可以解释这一原因。例如，在道格斯岛上，哈勃（一家带厨房的酒吧）为当地人提供"卖相不好但让人食指大动"的食物，其前身是维多利亚时期的一个小教堂；而在利物浦，古巴阿尔玛（一家餐馆兼酒吧）则在以前的圣彼得教堂庆祝万圣节。然而，教会委员会似乎就一些事情达成了共识，即以前的礼拜场所不应被改造成情趣商店或赌博场所。

理想情况下，礼拜场所应该要保持原样，但是如果这个选项不成立，那么最好的候补选择应该是将教堂改造成服务社区的场所。例

> "我们营造建筑，其后它们塑造我们。"
>
> 温斯顿·丘吉尔

如，贝德福德的采石场剧院是一个由前圣卢克教堂改造而成的艺术表演场所，其设立的目标之一是尽可能让当地社区的人参与表演。当然，有的教堂还被改造成图书馆。加拿大魁北克的圣丹尼迪高原教堂就是一个很好的例子。这座美丽的建筑建于1964年，2013年被巧妙地改建成莫尼克－科里沃图书馆。白色内饰和玻璃延伸部分为建筑内的藏书提供了一个非常合适的场所。

服务社区

更令人印象深刻的是德佩特鲁斯（De Petrus），一个集图书馆、博物馆和社区中心三位一体的场所，位于荷兰菲赫特一座改造的19世纪教堂内。教堂内有一个位于走廊上方的夹层，因此教堂的空间品质得以保留。更重要的是，室内的书架放置在栏杆上，这样书架可以被推到一侧，使这座建筑可以用于大型社区活动。在确保这些建筑的生存方面，关键点之一似乎是乐于适应不断变化的观众，以及渴望创造多功能空间。

当礼拜场所被关闭并指定拆除时，处于危险之中的不只是房产。一座曾经被热爱的建筑倒塌，肯定会对当地社区产生不利影响，尤其是当它遭到破坏或使用不当时。当然，第一要务是保护建筑物及其原有的家具陈设，使其免受教堂衰败的影响，同时也要保护所有与之相关的墓地。但下一步应考虑到周围地区因礼拜场所关闭缺少了什么，并在可能的情况下采取行动填补这些缺口。

对一些人来说，最终目标是将教堂恢复成礼拜场所；但对其他人来说，目标是改造教堂为当地社区所用，也许是改造成图书馆、剧院、电影院、餐馆或社区中心。建筑物需要有相关性和明确的用途，不仅要使用，同时还要有人维护。但最重要的是，它需要由那些在墙内祈祷、学习、大笑、活动、用餐甚至表演空中特技的人来创收以维系运营。

creativity

七座神圣教堂的改建

布尔坎德尔希莱克斯多明我教堂，荷兰马斯特里赫特
将一座有700年历史的天主教堂改造成书店，这种尝试很大胆。建筑师莫克斯·希罗德将该教堂改造成世界上最宏伟的三层商店——天堂书店，并因此获得2007年伦斯维尔特室内建筑师奖。

圣保罗教堂，英国布里斯托尔
建于18世纪90年代，这座一级保护建筑在1988年停止对公众开放。十多年间，教堂四周一直钉着木板，2000年教堂移交给教会保护信托基金会。5年后，教会保护信托基金会与Circomedia合作改造教堂，Circomedia是一所专门从事马戏技巧和形体表演的学校。

圣保罗匡威教堂，意大利米兰
教堂内绘有天使、士兵和神灵的壁画（16世纪由坎皮兄弟绘制），这座前罗马天主教堂现在是意大利华彩建筑师事务所（CLS）的总部。过去这座巴洛克式建筑曾被拿破仑用作仓库，也曾是佳士得的一家拍卖行。

圣本尼迪克特教堂，英国曼彻斯特
圣本尼迪克特教堂闲置了4年，直到英格兰遗产*给教堂拨付了一项紧急维修补助金，并邀请当地的攀岩者来攀登这座建筑。这座19世纪的教堂有一堵20米高的墙，其高度不仅适合攀登，还可以让攀岩者看到建筑物华丽的圆花窗。

德佩特鲁斯教堂，荷兰菲赫特
把19世纪的教堂变成图书馆、博物馆和社区中心的复合体一定很棘手，但是穆伦那尔＆波尔＆范迪伦建筑师事务所的团队并没有被挑战搞得手足无措。现在这座多功能建筑被改造得很漂亮，内部有可移动的搁架、夹层、学习区和会议室。

圣弗朗西斯修道院教堂，西班牙桑佩多尔
这座教堂荒废了150年，直到建筑师大卫·克洛斯接手，并将其改造为一座礼堂。玻璃板和石头结合，所有残破的特征在改造中都保留了下来，新旧元素也非常清楚地被区分开。

维珍行动健康俱乐部，英国伦敦雷普顿公园
这家令人印象深刻的健康俱乐部是雷德布里奇区内庄园的一部分，庄园配有大门，内有一个长度25米的游泳池位于一座教堂区域之中。这座教堂曾属于克莱伯里医院，该医院于1893年开业。以前的忏悔室现在是桑拿浴室，祭坛被改造成了淋浴场所。

---

* 英国一家主要负责保护本地历史遗迹、文化古迹、庄园建筑的非致府性质公共机构。

夜晚，世界休憩。树木、山脉、田野和面孔逃离外形的牢笼，卸下暴露的负担，得以解脱。

_约翰·奥多诺霍

插画：CAT FINNIE

逃离
ESCAPE

escape

世界从眼前流过

作者：
洛娜·科万
Lorna Cowan

潜入奇妙的水世界，逃离现代生活的压力，从不同的角度看待事物。

如果你是英国广播公司第四频道系列纪录片《大运河之旅》的粉丝,那么蒂莫西·韦斯特和普鲁内拉·斯凯尔斯这两位80多岁的演员的冒险经历将会让你领略到运河假日的壮丽景色。在这部32集的纪录片里,这对夫妇对运河船之旅的热爱显而易见——借此机会,他们可以感受更为温和的生活节奏,摆脱他们在忙乱和有时恼人的世界中所面临的问题。更重要的是,他们在英国及英国以外的地方,发现了许多其他地方没有遇到过的宜人目的地。

普鲁内拉是个明星,她以在经典喜剧《弗尔蒂旅馆》中所扮演的角色而为大众所知。目前普鲁内拉正在适应阿尔茨海默病患者的生活,她说旅程很神奇,"在运河上,你可以放松,欣赏风景,看野生动物,思考你到底在哪里,让思想回到过去。船在运河上以每小时4千米的速度航行,从水面上领略田园风光,让我有机会把一些记忆拼凑在一起"。

逃离

独特的优势点

这是运河之旅的乐趣。漫行在田园般的乡村,你别无选择,只能慢下来欣赏周围的环境。你可以看到远处风景如画的风车、迷人的酒吧或野花草甸,你只需沉浸在缓慢接近的惊喜中。处在一个较低的位置,你会非常容易感受到被赏心悦目的景色包围。

在英国,想要逃离的冒险者可以乘一艘运河船,探索2100英里(约3380千米)长的水道。这里有2700多个被列入文物保护名册的建筑、50个古代遗迹和5个联合国教科文组织世界遗产。这些河流蜿蜒曲折,穿过未遭破坏的乡村,流经繁华的城市。它们穿过水闸,越过渡槽,通过机械杰作相互连接。

运河在英国工业史上发挥了重要作用,并继续为那些渴望在水上游览的人提供乐趣。船上的生活还可以创造健康奇迹。户外活动会帮助你补充维生素D(见第23页),你会体会到呼吸新鲜空气的好处。它也有助于睡眠,能减轻压力,使头脑平静。运河船上很少配备一整套的电源插座,所以你也可以逃离数字世界。如果你不是值班船员,那么甲板是个理想的放松场所。冥想,练习瑜伽,写日记,读一本书,或者只是看着世界从眼前经过。倾听你周围舒缓的潺潺水声,迎接每一个新风景,让所有的紧张感都消失。

掌舵不需要有正式的资格证书或执照,但是驾驶运河船的你要掌舵驶过弯道,错船,经过船闸和平转桥。新手可能会觉得这种经历很奇特、任务很艰巨,但掌握驾驶和控制船只的窍门并不需要很长时间。慢慢地走,记

住，运河船与汽车不同，它的反应时间更长。只需小心谨慎，提前行动，以免打扰周围的野生动物，破坏堤岸或者干扰渔民。

奇妙的野生动物

乘坐运河船逃离生活可以让你更接近大自然。英国的运河和河流沿岸有大量的动植物。你很可能会看到鸭子，长着独特红喙的黑水鸡，灰鹭、鸬鹚和加拿大鹅。如果你运气好的话，你甚至可以在翠鸟跃过水面寻找食物的时候，一瞥翠鸟那难得一见的耀眼的蓝橙色羽毛。

水獭和水田鼠在河岸上窜来窜去，平静的水面吸引着蝾螈、水黾、豆娘和蜻蜓。注意，还有睡莲以及沼泽金盏花和黄旗鸢尾——它们香甜的气味吸引着蜜蜂和盘旋的食蚜蝇。夜晚，如果你把船停在一个远离明亮灯光的地方，你将更有可能在睡前欣赏璀璨的星空。晚上你可能会不时地被猫头鹰独特的叫声打扰，或者被黎明的微光唤醒、被斑点啄木鸟的啄树声叫醒。接下来，是时候出发去线路中的下一个目的地了，沿着另一条平静的水路漂流。但是要注意你还有工作要做——从船上跳到纤道上停泊和操作船闸需要勇气和力量。你需要1~2名船员处理绳索，转动起锚的绞盘，推动沉重的平转桥。

如果你想有更多的运动，只需停靠你的运河船。没有规定说你必须一直航行，在纤道上散步、跑步或骑自行车都可以。或者，你也可以只是坐在船上享受这一切。许多运河船的船身都绘有精致的玫瑰或城堡设计。如果你的船恰好有一个装饰性的外观，它可能会激起你内心的艺术冲动。传统的手工签名可以唤醒人们对书法的兴趣。你永远不知道在运河船逃离之旅中你会从自身或周围发现什么。这就是乐趣所在，你只需要顺流而下。

登船之前，这里有几点建议

作者： 劳伦古德柴尔德 Lauren Goodchild

了解基本知识

年满 21 岁即可租用运河船。虽然驾驶运河船不需要执照也不用经过培训，但是认真研究航道的基本规则还是很有必要的。学习一些有用的绳结打法，了解使用舵柄的原理——向左推，船就会向右转，反之亦然。

考虑你的船员

虽然一艘 60 英尺（约 18 米）长的运河船可以容纳 8 个人，但对 8 个成年人来说，这个空间还是有点挤。特别是如果只有几个固定的卧铺舱位，而其他可供睡觉的两用区域白天都要折叠用作椅子，这样空间就更加拥挤了。你们需要共享卫生间和淋浴间，共同承担船员的职责，所以请确保每个人都值得信赖并各司其职。

规划路线

一直想沿着乌斯特郡的塔德比格运河航行？如果你听到要越过 30 个船闸，你可能就会改变主意了——这对任何人来说都是一个挑战。研究地图，画出你的路线图，从现实角度计划每天要航行的距离，特别是第一天。

检查船上的物品

每个租船公司都会有所不同，但假期租船价格通常都包括燃油费。你船上的水箱也应该装满。你可以在公共停泊处的泵里加满油，但可能要收费。在签合同之前，请确保你仔细阅读了合同中的所有条款和条件。如果有不确定的地方，再问一下。

安全第一

在甲板上一定要穿防滑鞋，如果你不会游泳，还要带上救生装备。如果你不想遇到不必要的麻烦，请确保驾驶舱内外的整洁，并确保所有设备已放回指定位置。将绳索放在能轻松快速拿到的地方也至关重要。

备用品

带上手电筒、防水服、帽子、防晒霜还有操作船闸时需要的手套。运河船空间有限，大部分储物空间都在座位下的隔层里，所以软袋子比硬行李箱更合适。还要带上照相机和望远镜，这样可以确保你不会错过任何景色。

escape

和羊驼一起散步

作者：
金·史密斯
Kim Smith

对那些需要短暂休整的人而言，羊驼如何成为终极生物安慰者。

从事紧急服务 23 年，乔·布里奇受过专门的训练，可以让自己从偶尔面对的痛苦场面中抽离。但这并不意味着她的情绪坚不可摧。和我们这些常人一样，她经历的创伤也会再次困扰她。

不过，2012 年，她发现了应对工作压力的解药——养羊驼。这些聪明的群居动物长着一双迷人的眼睛，睫毛浓密。羊驼以能给最焦虑的人类同伴带来平静而闻名。乔很快就亲身体验到了羊驼所带来的平静。

乔说：" 我的工作中会看到很多糟糕的事情，当在工作中遇到可怕的事情时，我回到家就会和我的羊驼在田野里散步。我会检查它们的毛，看看怀孕的母羊驼有没有胎动。有时，我就像是一个魔笛手，我转身的时候，会有 30 只羊驼跟着我。它们仿佛在问'怎么了，妈妈'。"

"羊驼是十分敏感的动物，它们散发出的平和气质很有感染力，很快，我就忘记了工作。它们就像在审视你的灵魂。" 乔最开始饲养了三只怀孕的羊驼，现在她已经是一个骄傲的"母亲"了，拥有将近 60 只羊驼。当然，并不是每个人都有足够大的空间，可以为了幸福而饲养这些美洲驼的小表亲。所以乔很乐意和来农场的人分享。他们来到位于萨福克郡沃提夏姆希利岭的农场，了解南美动物的习性，然后带着羊驼穿过绵延的乡村漫步。

逃离

轻柔的触摸

有些人预定此次旅行作为家庭之旅，看到最吵闹的孩子都安静下来时，他们感到惊讶；有些人是为了摆脱现代生活，获得片刻安宁，让自己有机会停下来专注于其他事情，而不是去做那些引起他们焦虑的事情。乔说："你几乎可以看到他们卸下了肩上的担子。"

一个女人向乔袒露心声，诉说童年的深度创伤经历。乔回忆说："她告诉我她来的时候心里有很多包袱，但是和一只羊驼待了一个半小时之后，她感觉自己已经把烦恼留在了门外。听到这些，我真的很开心。另一个由此受益的是患有人格障碍的女孩。我们接到了护理机构打来的电话，他们询问我们能否过来。他们说，这个女孩可能不会下车，因为她不喜欢说话，也不与其他人或者环境互动。"

"女孩同意下车，但是她不和我们说话。我们给她介绍了一只名叫加拉哈德的羊驼。没过多久，女孩就抱着羊驼和它互动。她甚至一度用胳膊夹着它的头，羊驼是如此宽容温顺的动物，它不会介意。女孩的护理员激动地流下了眼泪，因为他们从未见过小女孩有这么活泼的时候。"

乔还把这些动物带进了养老院，因为羊驼一般高 4~5 英尺（约 1.2~1.5 米），那些可能无法下床的人刚好可以平视。"我的一个'男孩'向人们打招呼，看到人们脸庞的那一刻我感觉一切都是值得的。羊驼弯下身子让人抚摸，并给大家一个羊驼式的吻——动作类似人类的碰鼻。"

乔满怀热情，学习了一系列关于羊驼的课程。她现在是一名训练有素的剪毛工人，能用羊驼毛编织出非常珍贵、柔软、丝滑、低敏性的羊驼绒手工艺品。而且，她现在已经获得在英国和法国羊驼宠物展担任评委的资格，而全英国仅有 10 个这样的评委。

"羊驼是敏感的动物……它们散发出的平和气质具有感染力。"

乔·布里奇

历史悠久

羊驼的吸引力已经慢慢蔓延到整个欧洲,从西班牙到奥地利蒂罗尔州,到处都有羊驼农场,但这股风潮最早是从美国、澳大利亚和英国开始的。早期养羊驼的人包括维多利亚女王和阿尔伯特亲王,他们曾经收到一份礼物——一只黑色羊驼和一只白色羊驼。然而,私人羊驼群大多都是由动物园多余的羊驼繁衍出来的。

克里斯·迪肯放弃了他成功的事业,成立了位于德比郡和莱斯特郡边界的夏恩伍德森林羊驼农场。他通过名为"认知羊驼学习方法"(也称 CALMs)的项目,将羊驼疗法提升到了一个新水平。他说:"在这个方案中,我们利用羊驼让人平静的特质满足儿童和成人的特殊需求。我们的方法非常适合自闭症、注意力缺陷多动障碍和阿斯伯格综合征的患者。而且将这套方案应用于行为、学习、社交或沟通困难的患者时,我们也看到了很大的益处。课程以学生为导向,而不是让学生以课程为导向。"

自 2015 年初启动为期六周的 CALMs 课程以来,克里斯说他会定期收到反馈显示学生行为、出勤率和学习能力显著提高。他解释说:"羊驼是一种敏感的动物,驯兽师有任何恐惧或好斗情绪(即使隐藏得很好),它都能觉察到并对其做出反应。从羊驼身上,学生们有机会认识到他们的愤怒、恐惧或沮丧都源自内心,当他们放下愤怒、恐惧或沮丧时,他们能从羊驼身上看到积极的回应。"

"我们教导孩子们要对动物负责,让他们自己去发现如何喂养、控制羊驼,带羊驼散步甚至训练羊驼。在这一过程中,孩子们可以受到羊驼的平和气质的感染,变得更加平静。"

家住在爱丁堡的鲍勃和凯丝·克罗斯比是公务员,退休后他们开始了自己的羊驼体验。鲍勃说:"我想有一个更积极的生活方式,因为我过去的 20 年都是在办公桌旁度过的。这一转变对我个人来说非常有益,我的体重因此减轻了,现在的体重指数也正处于健康水平。"

难以抑制的微笑

鲍勃有一套理论解释羊驼为什么对人类产生如此有益的影响。"羊驼是让人放松的动物，这是一个很好的起点，"鲍勃说，"而且你看，羊驼嘴巴自然向上的弧度仿佛在微笑，这也会让人们微笑。人在微笑时，会立刻变得更加放松，而且开始感到平静。"

"羊驼乐于和人类互动，它们很温和，羊驼毛也非常柔软。每只羊驼都有自己独特的性格和行为，它们是有趣爱玩的生物，每天都会做一些让我开怀大笑的事情。所有这些都让人类更容易和羊驼建立联系。"

鲍勃和凯丝的羊驼农场与当地的临终关怀医院和学校联系密切，他们甚至还会帮助紧张的大学生度过新生周、应对考试压力。鲍勃说："起初，我应邀带着羊驼到居里夫人临终关怀院进行实验。实验表明，羊驼有助于转移临终病人的注意力。这项活动也帮助了患者，因为他们看到自己的家人在困境中依然可以感到快乐和放松。临终关怀院现在已经接受我们的羊驼作为吉祥物。"

"类似地，大学已经意识到动物有益于心理健康——他们以前在考试前利用小狗的陪伴缓解学生情绪。后来，一些大学的职工参加了我的羊驼散步体验，他们认为虽然羊驼的体型和小狗不同，但同样有治疗效果。我应邀带着羊驼在考试前后去大学访问，很快我们就收到了来自当地大多数大学的咨询。我们现在也会在心理健康宣传周和新生周到学校进行访问，以帮助学生轻松地从家庭生活过渡到学校生活。"

从中受益的不仅这些学生。鲍勃和凯丝甚至还带着羊驼去零售店，拜访牙医和律师。所以，下次当你想找一个四条腿的朋友来陪你放松疲惫的神经时，除了考虑小狗小猫，你还可以选择和羊驼一起散步。

escape

露宿于星空下

作者：
菲·达比
Fi Darby

博客"徒步旅行的两个金发女郎"作者，曾在 2018 年进行 50 次户外睡眠挑战。

作为假期的一部分，户外睡眠如何能增强感官体验，带来真正的成就感？

"倘若没有闲暇驻足凝望,满怀惆怅,生活又是为何?"

威廉·亨利·戴维斯,《悠闲》

escape

如果童年时你有过愉快的野营探险经历——白天在阳光下度过美好时光,夜晚伴着帐篷帆布轻柔的飘动声沉稳睡去,你就会知道在户外生活可以让你感受平静与自我的和谐。但是,你有没有想过再进一步接近自然,在没有帐篷的情况下睡在户外——没有屋顶或其他庇护所,你和夜空之间什么阻挡都没有?户外睡眠的支持者认为这种体验使人上瘾,而且主动选择夜间户外睡眠所触发的幸福感最棒了。

待在户外是一种终极的感官体验。让眼睛停留在远处,感受冰冷的风吹在脸颊上的刺痛,或者低下头听潺潺水声,所有这些都有助于全面提升幸福感。夜间的户外环境也不例外,但它也会带来微妙的变化,既让人惊喜又能舒缓感官。

夜晚气温下降,挥发性化合物的浓度降低,夜间授粉的植物释放出自身的香气,这让夜晚的空气闻起来与众不同,而且更加清新。不同于人们的普遍认知,虽然白天熟悉的事物在阴影里呈现不同的景象,我们的目光也局限在一束手电筒光的范围,但是即使在光污染较低的地区,夜晚也很少是一片漆黑。当黑暗笼罩,视觉感应减弱,周围的环境也开始活跃。附近小溪的涓涓细流演奏着摇篮曲,粗糙的树皮通过指尖的触碰在讲述着一个难以捉摸的故事,溅到脸上的水花图案有迹可循,又让人难忘。

自由感

斯图尔特·赖特在威尔士中部经营"熊骨头"自行车旅行项目，他组织了一些轻量自行车项目，其中包括在英国的一个国际夜空公园里组织人们在星空下露宿。他说，人们在户外睡觉的乐趣很大程度上取决于在哪里躺下的自由感，但项目参与者还说与大自然共处的感受也很重要。

斯图尔特说："户外的时光让你与周围的环境建立联系。当风景、气味和声音成为白天（和夜晚）的背景时，你们之间会更加和谐。这是一个迷人的世界，但是对很多人来说，这是一个容易被错过和忽视的世界。他们还认为睡觉时将自己与这个世界隔离，'藏在'帐篷的防护外衣之下似乎很羞耻，甚至浪费了和这个迷人世界接触的机会。"

然而，在户外睡觉并不总是最容易的选择。如果你担心夜晚的睡眠质量糟糕，那是情有可原的。事实上，"睡眠不足"经常被视作在户外睡觉的主要弊端，特别是在天气不太适宜时。 在户外睡觉时，有三个因素会让人感觉睡眠不足：平时经常早睡，在户外不习惯；在陌生环境中睡得没那么安稳；在户外醒来，可能会被周围不熟悉的环境吓到，这也是体验警觉的机会。然而，那些经常在户外睡觉的人发现，越亲近户外环境、越熟悉这种感官体验，睡眠时间变长的可能性就越大。

清醒的奇迹

对我而言，的确如此。2018 年，在 50 次户外睡眠营挑战中，我经常选择把帐篷或露营车留在家中，睡在自己的睡袋或者吊床里。我发现我在户外睡觉的次数越多，我睡得就越好。我也开始渴望这种户外睡眠体验。一天清晨，我在新西兰的吊床上度过一夜，我睡得很沉，我丈夫没能叫醒我，而是让我轻轻地随着吊床摆动，然后他去做早餐。

虽然睡眠时间和睡眠质量很重要，但是还有一个奇妙的因素影响着户外睡眠——清醒状态的质量。晚上在户外醒来并不一定是件坏事。与其努力让自己入睡，不如学会在自然环境中休息，把清醒的时刻视为福利，刚好是正念时间。当你的视线局限于头顶的天空，皮肤直接与大自然接触时，你可以专注于你对世界的体验——薄雾在你的脸上掠过，松果掉落在树叶编织的床上，或者感受吊床线随着树枝摇晃的吱吱声振动。一旦你放松下来，并与自己的感觉协调一致，你就会发现身体的自然反应让你轻松地进入睡眠状态。

逃离

学习的机会

户外睡眠也可以提高自尊,因为它鼓励体验式学习,而且能给人一种成就感——探索如何在户外保暖、固定吊床,甚至如何用更少的物料做一杯热饮。户外睡眠还可以让人领悟新鲜经历所带来的影响,无论好坏。所以尝试不同的事情很有意义。打个比方,如果你发现自己可以睡在一个容易引起幽闭恐惧的帐篷包里,那就试试在吊床上过夜吧。同样地,如果睡在一个开阔的空间不会让你感到不安,那就考虑在树林中建造一个没有屋顶的庇护所,看看是否更适合你。你可能会发现,突破自己通常能接受的体验水平,你会感觉自己得到了提升,同时还受到鼓舞,让你可以在不同的生活领域中拓展自己。

如果野营和寒冷的气候让你对户外睡眠持怀疑态度,那么还有其他的选择。乔安娜·考克斯过去住在土耳其,她曾经在一艘传统土耳其木制海峡帆船上度过了许多个温暖的地中海夜晚,甲板上的床垫是她的寝具。

"在星空下的甲板上睡觉,一直是我在海湾度假中最喜欢的部分。温暖的微风轻拂脸颊,在与家人、朋友或者同行旅者的闲聊中入睡是一件美妙的事情。大多数夜晚都在没有噪声和光污染的停泊处度过,所以夜空美得令人窒息。微风穿过风帆绳索,海风和海水拍打着船身,这些声音胜过任何摇篮曲。早上6:30醒来,看到太阳从山上升起,听到神秘而悦耳的祈祷声,这种感受无与伦比。"

无论你选择自家的花园、雾蒙蒙的荒野还是地中海上的小船,户外睡眠都会带给你同样的挑战和放松,提供一种新的感官体验,让你更加了解身体的自然节律,留下一段不同的体验。

escape

户外睡眠安全提示

- 将你的计划和预计返回的时间告诉自己信任的人。
- 提前关注天气预报并做出相应的计划。
- 不要依赖手机获取信号和进行导航或者照明。
- 确认野营规定,获得土地所有者的许可。
- 在白天到达有助于发现潜在的夜间危险。
- 避免临水而睡,因为水面可能会迅速上涨。
- 带上急救箱。
- 根据情况适当着装。
- 准备一套干衣服,以备不时之需。
- 多吃点口粮保暖。
- 如果你想找到自己的远程位置,请学习导航。

户外睡眠的必备物品

- 能挡雨的东西(最好是帐篷包)。
- 睡袋(适合当季)。
- 睡垫(铺在地上或吊床下面)。
- 几件保暖衣(包括冬天用的帽子和手套)。
- 防水上衣和裤子。
- 烧热水的炉子(和干火柴)。
- 高卡路里的食物(帮助保暖)。
- 地图和指南针(如果你要探险的话)。
- 一个质量好的手电筒(手电筒是这里最有用的东西)。
- 冒险的感觉。

escape

日常生活，已足够珍贵

作者：
斯蒂芬妮·拉姆
Stephanie Lam

你可能会学着接受无聊，但是，你同样也会讨厌无聊。被迫参加的讲座、需要解冻的冰箱、一成不变的日常琐碎——许多人避开无聊，忽视它的存在，但是如果有些无聊不得不忍受，他们就会抱怨。戏剧性的大场面胜过微小的细节。生活必须是五光十色的，有高潮也有低谷。无聊过时了，人们认为只有愚昧无知的傻瓜才会无聊。

我见过 21 世纪很多的高光时刻，很多人被这些时刻蒙蔽，忘记了事情的真实情况。如果我的生活是一部好莱坞电影的话，那我所做的选择都基于这样一种推断：在描述我的生活时，这个选择会不会听起来最好。

出去还是待在家里？说"是"还是说"不"？追求极致还是甘于平庸？我花了几十年的时间来避免我的人生黯然失色。如果生活有黯淡时刻，我会在二次构想中用高光来粉饰日常生活，就像粉饰一个不太光彩的小秘密。

社交媒体鼓励这种呈现最具戏剧化生活的渴望。夸张之风盛行——博人眼球的标题和点击诱饵比比皆是。我们生活在一个最好的时代，也是最坏的时代。这个世界不仅图像化而且怪诞，很少有人会被中规中矩、平淡无奇、司空见惯的事情吸引。

无聊的现实和光彩夺目生活的内在美好理想脱节。"愿你生活在有趣的时代"，这句神话咒语可能是虚构的，却引起我们的注意。世界上有很多人生活在危机之中，他们会感激平庸的生活。很多人在不必要的地方加入了戏剧性情节。我经常把任务留到最后一分钟，因为肾上腺素会在短时间内带来一种刺激。

只有当真正的戏剧性情节上演时，人们才学会欣赏日常生活中枯燥的细节。如果人们有可能学会接受每个人内心深处的无聊，并认识到无聊可以与真诚、充满活力的思想和梦想共存，那么人们也有可能认识到正因为我们真实、无聊，所以我们已经足够好了。

拥抱单调乏味

- 在两个次要选择中做出次优选择。
- 即使意味着失去，也要说不。
- 参与日常工作。完成时庆祝。
- 学习那些平庸者会做的事情。
- 辨识不必要的戏剧性事件。
- 发现每日的精致。我们所需要的正是没有被夸大的一天。